别让差不多害了你

王　凡　编著

辽海出版社

图书在版编目（CIP）数据

别让差不多害了你 / 王凡编著 . — 沈阳：辽海出
版社，2017.10

ISBN 978-7-5451-4428-4

Ⅰ . ①别… Ⅱ . ①王… Ⅲ . ①成功心理－通俗读物
Ⅳ . ① B848.4-49

中国版本图书馆 CIP 数据核字（2017）第 249646 号

别让差不多害了你

责任编辑：柳海松
责任校对：顾　季
装帧设计：廖　海
开　　本：690mm×960mm　1/16
印　　张：14
字　　数：161 千字
出版时间：2017 年 11 月第 1 版
印刷时间：2018 年 8 月第 2 次印刷

出版者：辽海出版社
印刷者：北京一鑫印务有限责任公司

ISBN 978-7-5451-4428-4　　　　　定　　价：68.00 元

序言

    法国著名文学家伏尔泰曾经说过这样一句话："使人疲惫的不是远方的高山，而是鞋里的一粒沙子。"在各行各业中也流行着这样一句话："一个公司有99名员工工作非常认真、谨慎，但只有一名员工1%的行动偏离正轨，这个公司就有可能出现问题甚至会倒闭。"大量失败的案例证明了这样一个观点：有时，比缺乏战略家更缺少的是精益求精的执行者。

    在工作中总能听到这样的话，"工作差不多得了，那么努力干嘛""细节差不多就行，过得去就好""能力差不多就行，太高了没用"……我们工作的同时也在用"差不多"这三个字来暗示自己，工作别太用功，态度不用太积极，过一天是一天。可以说，在我们每个人的心里，都住着一位"差不多先生"，这位先生无时无刻不在影响着我们。可是，当有一天我们发现自己还是跟十几年前的一样碌碌无为时，我们肯定会后悔，后悔自己当初以这样的方式来工作，以这样的态度来对待工作。其实，归根结底，是差不多害了你！"差不多"其实还"差得多"。

    "差不多"心理，实际上是一种侥幸心理，是懒惰的思想在作祟，是不认真工作、对工作不负责任的表现。工作中，我们应该摒弃差不多，在细节上应该一丝不苟，在心态上应该认真主动，在能力上应该努力提高……

本书就是从这个角度出发，告诉读者该如何做才能告别"差不多"的心态，从而让我们的工作越干越好，让我们受到提拔和重用，从而迈向最后的成功。

目 录

第七章　抓紧差不多的时间，你需要有效利用

第八章　面对差不多的现状，你需要进取和追求

第一章

差不多的细节，你要更用心

办事的时候应该保持清醒的头脑，知道自己处于哪种状态和位置，周围的人处于哪种角色，自己的事情进展到哪一阶段，所有这些细节都有可能决定你事情的成败。

如果你多费一点时间和精力，把你的事情理清细节，分出重点；当你再继续下去时，真不知要省去多少时间和精力，更不知要省掉多少无谓的纠纷与烦恼。

谨慎地处理细节

任何事业都是由很多小的细节组成，小的细节不仅是事业的组成部分，更决定着事业的成败。如果遇到变动，一定要充分考虑各种细节，通过细节的通盘考虑，最终通过变动取得成功。有的人，做事马虎，全然不考虑细节。事实上，这样不仅会制造巨大的阻力，而且还会让自己失去公信。

大多数的同仁都很兴奋，因为单位里调来了一位新主管，据说是个能人，专门被派来整顿业务。可是，日子一天天过去，新主管却毫无作为，每天彬彬有礼进办公室后，便躲在里面难得出门。那些紧张得要死的坏分子，现在反而更猖獗了。他哪里是个能人，根本就是个老好人，比以前的主管更容易唬。

四个月过去了，新主管发威了，坏分子一律开革，能者则获得提升。下手之快，断事之准，与四个月前表现保守的他，简直像换了一个人。年终聚餐时，新主管在酒后致辞：相信大家对我新上任后的表现和后来的大刀阔斧，一定感到不解。现在听我说个故事，各位就明白了。

我有位朋友，买了栋带着大院的房子，他一搬进去，就对院子全面整顿，杂草杂树一律清除，改种自己新买的花卉。某日，原先的房主回访，进门大吃一惊地问，那株名贵的牡丹哪里去了？我这位朋友才发现，他居然把牡丹当草给割了。后来他又买了一栋房子，虽然院子更加杂乱，他却按兵不动，果然冬天以为是杂树的植物，春天里开了繁花；春天以为是野草的，夏天却是锦簇；半年都没有动静的小树，秋天居然红了叶。直到暮秋，他才认清哪些是无用的植物而大力铲除，并使所有珍贵的草木得以保存。

说到这儿，主管举起杯来，说："让我敬在座的每一位！如果这个办公室是个花园，你们就是其间的珍木，珍木不可能一年到头开花结果，只有经过长期的观察才认得出啊。"

要从细节着手，不断通过细节的完善，最终实现事情的成功。我们不妨将一项事业的成功看成是一个个细节的有机组合。我们的细节其实就是一项项小的事业，我们没有理由不注重它们。

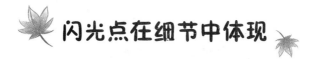

闪光点在细节中体现

人们敬重能关注细节的人，也可以从细节中看出一个人的品质和精神。当我们关注细节的时候，我们就容易得到别人的认可；而当我们漠视细节的时候，我们发现一切都困难重重。有的人或许认为人应该专注于做大事，不应该注重细节。事实上，任何一件大事都是由细节组成的，不注重细节，大事也就没有成功的可能。

恰科年轻的时候，到一家很有名的银行去求职。他找到董事长，请求能被雇用，然而没说几句话就被拒绝了。当他沮丧地走出董事长办公室宽敞的大门时，发现大门前的地面上有一个图钉。他弯腰把图钉拾了起来，以免图钉伤害别人。

第二天，恰科出乎意料之外地接到银行录用他的通知书。原来，就在他弯腰拾图钉的时候，被董事长看到了。董事长见微知著，认为如此精细小心、不因善小而不为的人，非常适合在银行工作，于是改变主意录用了他。

果然不出所料，恰科在银行里样样工作干得非常出色。后来恰科成为法国的银行大王。

阿基勃特的成长与恰科的成长有相似之处，也是因小事而引起大老板的关注。

阿基勃特年轻的时候，只是美国标准石油公司的一个小职员。他不在乎人言微轻，只要出差在外住旅馆，总是自己签名的下面，写上"每桶4美元的标准石油"的字样，在书信和收据上也从不例外。只要有他的签名，就一定写上那几个字。因此，他被同事们戏称为"每桶4美元"，久而久之，他的真名反而没有人叫了。

公司董事长洛克菲勒得知了这个情况后，很有感慨地说："竟有如此努力地宣扬公司声誉的职员，我一定要见见他。"

于是，邀请阿基勃特共进晚餐。后来，公司董事长洛克菲勒卸任，阿基勃特便成了美国标准石油公司的第二任董事长。

我们关注细节，别人是看得见的。通过细节上的精益求精，最终也将赢得别人的尊重。要学会在细节上下足功夫，通过细节上的功夫，最终取得整体的成功。

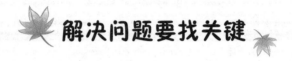

解决问题要找关键

关键问题与问题的关键在某种程度上是一样的，都是抓住主要矛盾或矛盾的主要方面来办事。这些关键制约着事情的发展，因为它们涉及事情的本质。善于观察和领悟的人往往会抓住事情的一两个点，控制着事情的进展。而目光肤浅或粗心的人会费了大半天功夫也没什么效果。这里有一则故事。

有一天动物管理员们发现袋鼠从笼子里跑了出来，于是开会讨论，一致认为是因为笼子的高度过低。于是他们决定将笼子的高度由原来的 10 米加高到 20 米。结果第二天他们发现袋鼠还是跑到外面来，所以他们决定将高度加到 30 米。

没想到隔天居然发现袋鼠全都跑了出来，管理员们大为紧张，于是一不做二不休，将笼子加到 100 米。

一只长颈鹿和袋鼠们在闲聊，"你们看，这些人会不会再继续加高你们的笼子？"长颈鹿问。

"很难说，"袋鼠说，"如果他们在继续忘记关门的话。"

很多人做事情并不知道抓住事情的核心问题，做了很多无用功。

办事也要按顺序来

办事遵循有序化的原则是一种非常理性的做事信念。它包括对事情顺序的合理安排，对时间的严格分配等。而不会出现像多动症患者一样，东一榔头，西一棒子，弄得满地鸡毛的情景。

做事有条不紊有许多好处：1. 让我们非常明白自己的做事逻辑。2. 对完成的事和未完成的事有明确的概念不至于重复。3. 有利于随时做出经验总结，让接下去的事做得更好。4.让自己有成就感和一步步逼近目标的兴奋感。这样会提高工作热情。

客人来了，要泡茶，这就要洗茶杯、找茶叶、烧开水。而完成这件事可以有各种不同的顺序：

找茶叶→洗茶杯→烧开水

洗茶杯→找茶叶→烧开水

找茶叶→烧开水→洗茶杯

洗茶杯→烧开水→找茶叶

烧开水→找茶叶→洗茶杯

烧开水→洗茶杯→找茶叶

前面两个顺序最费时，最后两个顺序效果好。可不是吗？要等洗茶杯与找茶叶这两件事做完后才想起烧开水，就费时了。如果先烧开水，在烧水的同时洗杯子、找茶叶，效果就好多了。

统筹做事往往能达到事半功倍的效果。泡茶只是一件很小的事，对于步骤更加多的事，需要我们来进行更细致的分析，找出简便的做事次序。

找出要做的事情的头绪。以购物为例，出发前，尽量先别想这事会多麻烦。相反，先看一看你的记事板，列出购物清单。这样做完后，你可以给自己一个鼓励，毕竟你比刚才前进了一步。接着，带上袋子和其他东西去购物。路上，你要想着自己已经做好了购物准备，要尽量避免思考在商场里购物可能遇到的麻烦。到了商场，慢慢地逛，直到把购物单上的物品全买完为止。

这听起来似乎有点像按方抓药，从某种角度来说是这样的。核心问题是不要被诸如"太麻烦了，我无法应付"之类的观念所干扰。研究表明，抑郁的时候，我们丧失了制定计划、有条不紊做事的习惯，变得很容易畏难。对抗抑郁的方式，就是有步骤地制定计划。尽管有些麻烦，但请记住，你正训练自己换一种方式思维。

其实很多事情的麻烦都是我们头脑中想象出来的，这些麻烦使一些人望而却步。思考缜密是正确的，可是这只限于你已经在心理上接受这些挑战作为前提。我们要学着把事情简单化，在那些未出现的景象前加一个"如果"，训练自己对风险的承受能力。简单化是一种执着，是对抗困难的一种绝妙心理。它绝不是"阿Q"精神，而是理智，外加一点点冒险精神。

一辆载满乘客的公共汽车沿着下坡路快速前进着，有一个人在后面紧紧地追赶着这辆车子。一个乘客从车窗中伸出头来对追车子的人说："老兄！算啦，你追不上的！"

"我必须追上它，"这人气喘吁吁地说："我是这辆车的司机！"

有些人必须非常认真努力，因为不这样的话，后果就十分悲惨了！然而也正因为必须全力以赴，潜在的本能和不为人知的特质终将充分展现出来。

你有没有碰到这样的情况？有没有出现一些都准备好了，就只有自己没到位的情景？我们往往习惯于念叨着这个没准备好，那个没准备好，就是忘记了自己。这是因为我们并未潜心做事，老觉得与自己关系不大。这种不够积极的态度会导致我们没有足够的紧迫感和认真态度，不愿做到最好。

办事情的时候，我们真正能做到像这位追赶车子的司机一样投入，自己首先到位吗？不要把做事老看成是在帮别人做，要把自己当成司机，在追赶自己的车子。这样才能真正把自己的才能发挥出来，把事情办好。

眉毛胡子一把抓是办不好事情的，只会把事情办得一团糟，只有在细节上理清事情的头绪，才能把事情办好。

小事也能积成大事

有一个三只钟的故事总能给我启迪。

一只新组装好的小钟放了两只旧钟当中。两只旧钟"滴答""滴答"一分一秒地走着。

其中一只旧钟对小钟说："来吧，你也该工作了。可是我有点担心，你走完3200万次以后，恐怕便吃不消了。"

"天哪！3200万次。"小钟吃惊不已。"要我做这么大的事？办不到，办不到。"

另一只旧钟说："别听他胡说八道。不用害怕，你只要每秒滴答摆一下就行了。"

"天下哪有这样简单的事情。"小钟将信将疑。"如果这样，我就试试吧。"

小钟很轻松地每秒钟"滴答"摆一下，不知不觉中，一年过去了，它摆了3200万次。

每个人都希望梦想成真，成功却似乎远在天边遥不可及，倦怠和不自信让我们怀疑自己的能力，放弃努力。其实，我们不必想以后的事，一年甚至一月之后的事，只要想着今天我要做些什么，明天我该做些什么，然后努力去完成，就像那只钟一样，每秒"滴答"摆一下，成功的喜悦就会慢慢浸润我们的生命。

伯爵表公司理念：永远要做得比要求得更好。

陈安之：永远要做得比要求得更多、更好。

任何市场都将变为两匹马的竞争。营销专家里斯认为，当你对市场进行考察时会发现，市场上将形成两家大公司进行竞争的局面——其中一家生产可信赖的老牌号产品，另一家则为后起之秀。只有那些在市场上数一数二的公司，才可能在日益激烈的国际竞争中获胜。

里斯认为："第一"胜过"更好"。创造一种新产品，在人们心目中先入为主，比起努力使人们相信你可以比产品首创者提供更好的产品要容易得多。

有一首歌的歌词这么说：世间自有公道，付出总有回报。说到不如做到，要做就做最好。这是一种带着完美主义的做事态度。这种态度让做事的人产生出一丝不苟的态度。人们对第一印象深刻，对第二、第三却没有兴趣。我们能记住世界上最高的山峰，但对第二高的山峰却印象淡薄；我们能记住中国最高的人，但却不在乎谁是第二高的人。

你能把小事一丝不苟地做到最好，那么你也一定有把大事做好的潜力。

做事要井井有条

某杂志刊载了这样一个故事：

有一个老商人，他在一个小市镇里做了几年的地产生意，到后来竟完全失败了。当债主跑来讨债时，他正在紧皱眉，思索他失败的原因。"我为什么会失败呢？"他说，"我对于主顾不是很客气吗？"

"你完全可以再从头干一下，"债主说，"你看你不是还有不少财产吗？"

"什么？从头开始？"

"是啊！你应该开出一张资产负债表来，好好地清算一下，然后从头做起。"

"你的意思是说我得把所有的资产和负债都详细清算一番，写成一张表格吗？我得把我的门面、地板、桌椅、茶几、书架都重新洗刷油漆一番，弄成新开张的样子吗？"

"是啊！"

"这些事我早在15年前就想动手去做了，但后来因为我沉溺在参观拳击竞赛中，至今还不曾动手。现在我知道我几年来失败到如此地步的原因了！"

尤其是在大都市里做生意，更要把一切事情、一切物品都弄得有条有理。美国信托行业公会的会长说："根据我几年来和一般大公司商号交往所得的经验，他们的老板随时都能获得有关公司营业的报告，能对整个公司的情形了如指掌，一定不会失败。"

无论你是在哪里经营生意，你都应该把物资管理得清洁整齐，把账目记得清清楚楚——这是最重要的一件事。那些把什么事物都弄得乱七八糟的人，终有一天要跌倒的。

有不少商家，往往把货物堆积得七倒八歪，没有良好的管理。偶尔来个主顾要买某件物品时，店员就要翻来覆去地耽误半天功夫才能找到。

有许多青年也是一样，他们生来有一种坏习惯，任何事情都只随随便便搪塞一下了事，从不想到应该怎样做得更好。他们脱下衣裳解下领带就随手东丢西抛。遇到他们不得不放下手中的事情，跑开一趟时，就不管事情已经做到哪里，立刻顺手抛开，等着回来后继续再去。这种青年一旦踏入社会，干起事业来，一定把自己的四周弄成一团糟，对于任何事也一定抱着"搪塞主义"。

有些人常常对自己的失败想不出所以然来。其实他面前的那张写字台已经把其中的缘故老老实实地告诉他了：台面上东一堆乱纸，西一堆信札；抽屉里好像塞满了棉花一般；书架上报纸、文件、信纸、原稿、便条都杂七杂八地塞得水泄不通。我们身边的一切用具和陈设都是揭发我们习气最忠实的证人。我们的行动、谈吐、态度、举止、眼睛、衣服、装饰等也都在老实而毫不客气地告发我们是一个怎样的人。它们把你自己也莫名其妙的失败原因一五一十地说了出来，把你自己也不知其所以然的穷困理由，也原原本本地告诉了你。

永远不要忽视细节，也许成功和失败的差别就在其中。

要抓住事情的重点

常言道：万物有理，四时有序。这里的"序"，是顺序、次序、程序的意思。自然界是这样，人类社会也是这样。序，就是事物发生发展、运动变化的过程和步骤，是客观规律的体现。反映到实际工作中，它要求我们做事情必须讲程序。

对于程序及其重要性，长期以来存在着某些片面的认识。有人认为程序属于形式，没有内容那么重要；有人觉得程序是细枝末节，可有可无；有人甚至把程序当作繁文缛节，不但不重视，而且很反感。由此而来，现实生活中不讲程序、违反程序的现象屡见不鲜，结果既影响做事的质量和效率，又容易助长不正之风，给工作和事业带来损失。

为什么做事要讲程序呢？我们不妨从程序的客观性来作一些分析。事物存在的基本形式是空间和时间，事物的发展变化都是在一定的空间和时间上展开的。事物的发展变化，从空间方面看，可以分解为若干个组成部分；从时间方面看，各个部分都要占用一定的时间并具有一定的次序。比如"种植"这一行为，就可以分解为播种、施肥、灌溉、收割等部分，这些部分均需占用一定的时间，并且有相应的先后次序。如果不在一定的时间播种，或者把收获和施肥的次序颠倒，那么种植行为就无法达到预期的目的。所以，顺时而动，不违农时，是务农必须遵守的程序。尊重程序，实质上是尊重规律。这就是做事情需要讲程序的道理所在。

效率往往就是从简化开始的。把事情化繁为简的一个关键是抓住事物的主要矛盾。永远要记住杂乱无章是一种必须祛除的坏习惯。

罗马的哲学家西加尼曾经说过"没有人能背着行李游到岸上"。在坐火车和坐飞机时，超重的行李会让你多花很多钱。在生活的旅途上，过多的行李让你付出的代价甚至还不仅仅是金钱。你可能不会像没有负担那样迅速地实现你的目标；更糟的是，你可能永远都不会实现你的目标。这不仅会剥夺你的满足感和快乐，而且最终它还会让你发疯。

纵观人类发展史，效率往往就是从简化开始的。赵武灵王提倡"胡服骑射"，结束了"战车时代"，靠简化在军事上作出了卓越贡献。秦始皇统一文字，统一货币，统一度量衡，靠简化推进了社会的进步。在当今科学技术、社会发展日新月异的时代，用简化的方法提高效率，加速自我致富的步伐，仍然具有重要意义。

有这样两种类型的人：一种是善于把复杂的事物简单化，办事又快又好；另一种是把简单的事物复杂化，使事情越办越糟。当我们让事情保持简单的时候，生活显然会轻松很多。不幸的是，倘若人们需要在简单的做事方法和复杂的做事方法之间进行选择，我们中的大部分人都会选择那个复杂的方法。如果没有什么复杂的方法可以利用的话，那么有些人甚至会花时间去发明出来。这也许看起来很荒谬，但真有不少这样的事。很多勤奋人就在做这样的事。

我们没有必要把自己的工作变得更复杂。爱因斯坦说："每件事情都应该尽可能地简单，如果不能更简单的话。"我们不必担心人们会让他们生活中的事情变得太简单。问题刚好相反：大部分人把他们的生活变得太复杂化，而且还总奇怪为什么他们有这么多令人头疼的事情和大麻烦。他们恰恰是那些外表看起来很勤奋的人。

有很多人沉迷于找到许多方法使个人生活和业务变得复杂化。他们在追求那些不会给他们带来任何回报的事情上浪费了大量的金钱、时间和精力。他们和那些对他们毫无益处的人待在一起。在某种程度上这简直像受虐狂。

许多人都趋于把自己的工作变得更困难和复杂。他们快被自己的垃圾和杂物活埋了，那就是他们的物质财产、与工作相关的活动、关系网、家庭事务、思想和情绪。这些人无法实现像他们所希望的那么成功，原因是他们给自己制造了太多的干扰。

把事情化繁为简的一个关键是抓住事物的主要矛盾。必须善于在纷纭复杂的事物中，抓住主要环节不放，"快刀斩乱麻"，使复杂的状况变得有脉络可寻，从而使问题易于得到解决。

同时它还意味着要善于排除工作中的主要障碍。主要障碍就像瓶颈堵塞一样，必须打通，否则工作就会"卡壳"，耗费许多不必要的时间和精力。

永远要记住，杂乱无章是一种必须祛除的坏习惯。有些人将"杂乱"作为一种行事方式，他们以为这是一种随意的个人风格。他们的办公桌上经常放着一大堆乱七八糟的文件。他们好像以为东西多了，那些最重要的事情总会自动"浮现"出来。对某些人来说他们的这个习惯已根深蒂固，如果我们非要这类人把办公桌整理得井然有序，他们很可能会觉得像穿上了一件"紧身衣"那样难受。不过，通常这些人能在东西放得这么杂乱的办公桌上把事情做好，很大程度上是得益于一个有条理的秘书或助手，弥补了他们这个杂乱无章的缺点。

但是，在多数情况下，杂乱无章只会给工作带来混乱和低效率。它会阻碍你把精神集中在某一单项工作上，因为当你正在做某项工作的时候，你的视线不由自主地会被其他事物吸引过去。另外，办公桌上东西杂乱也会在你的潜意识里制造出一种紧张和挫折感，你会觉得一切都缺乏组织，会感到被压得透不过气来。

如果你发觉你的办公桌上经常一片杂乱，你就要花时间整理一下。把所有文件堆成一堆，然后逐一检视（大大地利用你的字纸篓），并且按照以下四个方面的程度将它们分类：即刻办理；次优先；待办；阅读材料。

把最优先的事项从原来的乱堆中找出来，并放在办公桌的中央，然后把其他文件放到你视线以外的地方——旁边的桌子上或抽屉里。把最优先的待办件留在桌子上的目的是提醒你不要忽视它们。但是你要记住，你一次只能想一件事情，做一件工作。因此你要选出最重要的事情，并把所有精神集中在这件事上，直到把它做好为止。

每天下班离开办公室之前，把办公桌完全清理好，或至少整理一下。而且每天按一定的标准进行整理；这样会使第二天有一个好的开始。

不要把一些小东西——全家福照片、纪念品、钟表、温度计，以及其他东西过多地放在办公桌上。它们既占据你的空间也分散你的注意力。

每个坐在办公桌前的人都需要有某种办法来及时提醒自己一天中要办的事项。电视演员在拍戏时，常常借助各种记忆法，使自己记住如何叙说台词和进行表演。你也可以试试。这时日历也许很有帮助，但是最好的办法可能是实行一种待办事项档案卡片（袋）制度，一个月每一天都有一个卡片（袋），再用些袋子记载以后月份待办事项（卡片）。要处理大量文件的办公室当然就需要设计出一种更严格的制度。

此外最好对时间进行统筹，比如到办公室后，有一系列事务和工作需要做，可以给这些事务和工作安排好时间：收拾整理办公桌3分钟；整理一天工作计划的安排5分钟；对关于某一报告的起草15分钟，等等。

总之，那些容易把事情复杂化的无数人应该学会的一种能力是：清楚地洞察一件事情的要点在哪里，哪些是不必要的繁文缛节，然后用快刀斩乱麻的方式把它们简单化。这样不知要节省多少时间和精力，从而能大大提高你的效率。

乱中有序，抓住重点，才能集中精力办大事。

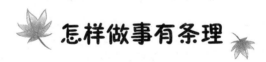

怎样做事有条理

人们做事缺乏条理的的原因主要分成主观和客观两大类：

其中主观原因有缺乏明确的目标，拖延，缺乏优先顺序，想做的事情太多，做事有头无尾，缺乏条理和整洁，不懂授权，不会拒绝别人的请求，仓促决策，行动缓慢，懒惰和心态消极。客观原因有上级领导浪费时间（开会、电话、不懂授权），工作系统浪费时间（访客、官样文章、员工离职等），生活条件浪费时间（通讯、环境、交通、朋友闲聊、家住郊区等）。

1. 每天清晨把一天要做的事都列出清单

如果你不是按照做事顺序去做事情的话，那么你的时间管理也不会是有效率的。在每一天的早上或是前一天晚上，把一天要做的事情列一个清单出来。这个清单包括公务和私事两类内容，把它们记录在纸上、工作簿上、你的 PDA 或是其他什么上面。在一天的工作过程中，要经常地进行查阅。

2. 把接下来要完成的工作也同样记录在你的清单上

在完成了开始计划的工作后，把下来要做的事情记录在你的每日清单上面。如果你的清单上内容已经满了，或是某项工作可以转天来做，那么你可以把它算作明天或后天的工作计划。你是否想知道为什么有些人告诉你他们打算做一些事情但是没有完成的原因吗？这是因为他们没有把这些事情记录下来。

3. 对当天没有完成的工作进行重新安排

现在你有了一个每日的工作计划，而且也加进了当天要完成的新的工作任务。那么，对一天下来那些没完成的工作项目又将做何处置呢？你可以选择将它们顺延至第二天，添加到你明天的工作安排清单中来。但是，希望你不要成为一个做事拖拉的人，每天总会有干不完的事情，这样，每天的任务清单都会比前一天有所膨胀。如果的确事情重要，没问题，转天做完它。如果没有那么重要，你可以和与这件事有关的人讲清楚你没完成的原因。

4. 记住应赴的约会

使用你的记事清单来帮你记住应赴的约会，这包括与同事和朋友的约会。工作忙碌的人们失约的次数比准时赴约的次数还多。如果你不能清楚地记得每件事都做了没有，那么一定要把它记下来，并借助时间管理方法保证它的按时完成。如果你的确因为有事而不能赴约，可以提前打电话通知你的约会对象。

5. 把未来某一时间要完成的工作记录下来

你的记事清单不可能帮助提醒你去完成在未来某一时间要完成的工作。比如，你告诉你的同事，在两个月内你将和他一起去完成某项工作。这时你就需要有一个办法记住这件事，并在未来的某个时间提醒你。其实为了保险起见，你可以使用多个提醒方法，一旦一个没起作用，另一个还会提醒你。

6. 把做每件事所需要的文件材料放在一个固定的地方

随着时间的推移，你可能会完成很多工作任务，这就要注意保持每件事的有序和完整。一般把与某一件事有关的所有东西放在一起，这样当需要时查找起来非常方便。当彻底完成了一项工作时，把这些东西集体转移到另一个地方。

7. 清理你用不着的文件材料

把新用完的工作文件放在抽屉的最前端，当抽屉被装满的时候，清除在抽屉最后面的文件。换句话说，保持有一个抽屉的文件，总量不会超出这个范围。有的人会把所有的文件保留着，这些没完没了的文件材料最后会成为无人问津的废纸，很多文件可能都不会再被人用到。我在这里所提到的文件材料并不包括你的工作手册或是必需的参考资料，而是那些用作积累的文件。

8. 定期备份并清理计算机

对保存在计算机里的文件的处理方法也和上面所说的差不多。也许，你保存在计算机里的 95％ 的文件打印稿可能还会在你的手里放三个月。定期地备份文件到光盘上，并马上删除机器中不再需要的文件。

有时做事，我们会发现事情多如牛毛，过去的事情和现在的事情都挤在了一块。一闭上眼睛，脑海就浮现出这件或那件事，数也数不过来。有人会丢掉一些事不做算了，有人会让一些事草草了结，和没做差不多。有人会加班加点，被时间挤破头，筋疲力尽地一件件做完这些事。怎么会这样？我们到哪儿去找时间来做？怎么才能把事情都做好，并且是秉持着要做就做最好的原则？要解决这个问题，我们需要统筹规划时间和精力。

把所有工作划分成"事务型"和"思考型"两类，分别对待：

所有的工作无非两类："事务型"的工作不需要你动脑筋，可以按照所熟悉的流程一路做下去，并且不怕干扰和中断；"思考型"的工作则必须你集中精力，一气呵成。对于"事务型"的工作，你可以按照计划在任何情况下顺序处理；而对于"思考型"的工作，你必须谨慎地安排时间，在集中而不被干扰的情况下去进行。对于"思考型"的工作，最好的办法不是匆忙地去做，而是先在日常工作和生活中不停地去想：吃饭时想，睡不着觉的时候想，在路上想，上 WC 的时候想。当你的思考累积到一定时间后，再安排时间集中去做，你会发现，成果会如泉水一般，不用费力，就会自动地汩汩而来，你要做的无非是记录和整理它们而已！

这样来进行分类，我们就可以把零碎的时间利用起来。在零碎的时间里做事不会让你产生任何烦恼，并且专心做好一些更重要的事情。

你每天都需要做一些日常工作，以和别人保持必要的接触，或者保持一个良好的工作环境。这些工作包括查看电子邮件，和同事或上级的交流，浏览你必须访问的 BBS，打扫卫生等等；这些常规的工作杂乱而琐碎，如果你不小心对待，它们可能随时都会跳出来骚扰你，使你无法专心致志地完成别的任务，或者会由于你的疏忽带来不可估量的损失。处理这些日常工作的最佳方法是定时完成：在每天预定好的时间里处理这些事情，可以是一次也可以是两次，并且一般都安排在上午或下午工作开始的时候，而在其他时候，根本不要去想它！除非有什么特殊原因（例如你在等待某个人发来的紧急邮件），否则，强迫自己在预定时刻之外不要查看邮箱，不要浏览 BBS，不要去找领导汇报工作，这样，处理这些事务的效率才会提高，并且不会给你的其他主要工作带来困扰。

合理的安排日常工作，才能在琐事中抓住重点。

第二章

消除差不多的心态，你要更主动

如果你是老板，一定会希望员工能和自己一样，将公司当成自己的事业，更加努力，更加勤奋，更积极主动。因此，你要想在公司内立足，成为一个被老板青睐和信赖的人，你就必须学会以老板的心态对待工作，处处为公司着想，始终为公司努力。

如果你是公司的老板

绝大多数人都必须在一个社会机构中奠定自己的事业生涯。只要你还是某一机构中的一员，就应当抛开任何理由，投入自己的忠诚和责任。一荣俱荣，一损俱损！将全身心融入公司，尽职尽责，处处为公司着想，钦佩投资人承担风险的勇气，理解管理者的压力，那么任何一个老板都会视你为公司的支柱。

有人曾说过，一个人应该永远同时从事两件工作：一件是目前所从事的工作；另一件则是真正想做的工作。如果你能将该做的工作做得和想做的工作一样认真，那么你一定会成功，因为你在为未来做准备，你正在学习一些足以超越目前职位，甚至成为老板的技巧。当时机成熟，你已准备就绪了。

当你熟悉了某一项工作，别陶醉于一时的成就，赶快想一想未来，想一想现在所做的事有没有改进的余地。这些都能使你在未来取得更长足的进步。尽管有些问题属于老板考虑的范畴，但是如果你考虑了，说明你正朝老板的位置迈进。

如果你是老板，你对自己今天所做的工作完全满意吗？别人对你的看法也许并不重要，真正重要的是你对自己的看法。回顾一天的工作，扪心自问一下："我是否付出了全部精力和智慧？"

如果你是老板，一定会希望员工能和自己一样，将公司当成自己的事业，更加努力，更加勤奋，更积极主动。因此，当你的老板向你提出这样的要求时，请不要拒绝他。

以老板的心态对待公司，你就会成为一个值得信赖的人，一个老板乐于雇用的人，一个可能成为老板得力助手的人。更重要的是，你能心安理得地沉稳入眠，因为你清楚自己已全力以赴，已完成了自己所设定的目标。

一个将企业视为己有并尽职尽责完成工作的人，终将会拥有自己的事业。许多管理制度健全的公司，正在创造机会使员工成为公司的股东。因为人们发现，当员工成为企业所有者时，他们表现得更加忠诚，更具创造力，也会更加努力工作。有一条永远不变的真理：当你像老板一样思考时，你就成为了一名老板。

以老板的心态对待公司，为公司节省花费，公司也会按比例给你报酬。奖励可能不是今天、下星期甚至明年就会兑现，但他一定会来，只不过表现的方式不同而已。当你养成习惯，将公司的资产视为自己的资产一样爱护，你的老板和同事都会看在眼里。迟早会给你回报，即每一个人的收获与劳动是成正比的。

然而在今天这种狂热而高度竞争的经济环境下，你可能感慨自己的付出与受到的肯定和获得的报酬并不成比例。下一次，当你感到工作过度却得不到理想工资、未能获得领导赏识时，记得提醒自己：你是在自己的公司里为自己做事，你的产品就是你自己。

假设你是老板，试着想一想你自己是那种你喜欢雇用的员工吗？当你正考虑一项困难的决策，或者你正思考着如何避免一份讨厌的差事时反问自己：如果这是我自己的公司，我会如何处理？

处处考虑公司利益

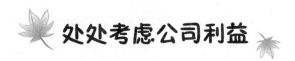

　　她并不好看，学历也不太高，在这家房地产公司做电脑打字员。她的打字室与老板的办公室之间隔着一块大玻璃，老板的举止她只要愿意就可以看得清清楚楚，但她很少向那边多看一眼。她每天都有打不完的材料，她知道工作认真刻苦是她唯一可以和别人一争短长的资本。她处处为公司打算，打印纸都不舍得浪费一张，如果不是要紧的文件，一张打印纸她两面都用。

　　一年后，公司资金运作困难，员工工资开始告急，人们纷纷跳槽，最后总经理办公室的工作人员就剩下她一个。人少了，她的工作量也陡然加重，除了打字，还要做些接听电话、为老板整理文件等杂活儿。有一天，她走进老板的办公室。直截了当地问老板："您认为您的公司已经垮了吗？"老板很惊讶，说："没有！"

　　"既然没有，您就不应该这样消沉。现在的情况确实不好，可许多公司都面临着同样的问题，并非只是我们一家。而且，虽然您的2000万元砸在了工程上，成了一笔死钱，可公司并没有全死呀！我们不是还有一个公寓项目吗？只要好好做，这个项目就可以成为公司重整旗鼓的开始。"说完她拿出那个项目的策划文案。隔了几天，她被派去搞那个项目。两个月后，那片位置不算好的公寓全部先期售出，她拿到3800万元的支票，公司终于有了起色。

　　以后的4年，她成了公司的副总，帮着老板做成了好几个大项目，又忙里偷闲，炒了大半年股票，为公司净赚了600万元。

又过了4年，公司改成股份制，老板当了董事长，她则成了新公司的第一任总经理。老板与相恋多年的女友终于结婚了，在婚礼上，新郎（老板）一定要请她为在场的数百名公司员工讲几句话。

她说道："我为公司炒股赢利时，许多炒股高手问我是如何成功的，我说一要用心，二没私心，就是要处处为公司打算。"

确实，很多人一面在为公司工作，一面在打着个人的小算盘，怎么能让公司赢利呢？又怎么能让上司信任和器重你呢？只有处处为公司着想，以上司的心态来对待工作，才有可能受到上司的器重。

上司最需要的就是这样一心为公司着想的忠心耿耿的下属。忠心在现代社会意味着值得信任。许多管理者在挑选下属时，宁可要那些具有诚实、讲信誉，处处为公司着想的人，而不会要那些非常精明，不把公司的事当回事的人。某公司总经理说："如果我发现我的员工不为公司着想，我绝对不会重用他，甚至会辞退他。因为我认为这是对公司和我本人的不尊重。"

 ## 职场中的忌讳要注意

以上司的心态对待工作，就必须避免以下的行为，他们是老板们最忌讳的。如果这样做的话，你可能永远都得不到提升的机会。

1. 上班时处理私人事务

除去那种偶然当上老板的昏庸无能之辈以外，员工的行为是老板们评价一个下属的主要根据。如果在上班时间处理私人事务，老板也会感觉这样的人不够忠诚。尤其在公司里更是这样，因为公司是讲究效益的地方，任何投入必须紧紧围绕着产出进行。上班时处理私人事务，无疑是在浪费公司的资源和时间。

一位老板曾经这样评价一位当着他的面打私人电话的员工："我想，他经常这样做，否则他怎么连我都不防？也许他没有意识到这有违于职业道德。"

某公司的老板说："我不喜欢看见报刊、杂志和闲书在办公时间出现在员工的办公桌上，我认为这样做表明他并不把公司的事情当回事，他只是在混日子。"

"如果你暂时没有事做，为什么不去帮助那些需要帮助的同事呢？"

2. 事假病假不断

老板并非不准员工请假，作为自然的人，生病总是难免的；作为社会的人，事务也同样不能避免。可是在商业的原则下，老板很不愿意下属请假，这种心态是无可厚非的。任何人当了老板，都不希望下属经常脱离岗位。

那些爱贪便宜、出卖公司利益、不能与公司并肩作战的人当然更不用说了，老板是绝不会长期雇用他们的。所以，你千万不要耍小聪明，以为胡乱安排一下工作就能过去了，不要把你的老板当成傻瓜。对于那些对公司和老板自己忠心耿耿的人，老板会看在眼里，藏在心理，也许他不会当面说出来。

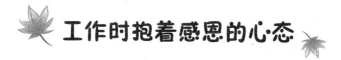

工作时抱着感恩的心态

感恩既是一种良好的心态，又是一种奉献精神，当你以一种感恩的心情工作时，你会工作得更愉快，你的工作会更出色。当你心怀感激，忠心地为公司工作时，公司也一定会为你设计更辉煌的前景，提供更好的发展机会。

我们常常为一个陌路人的点滴帮助而感激不尽，却无视朝夕相处的同事的种种恩惠。这种心态总是让我们把公司、同事对自己的付出视为理所当然，还时常牢骚满腹、抱怨不止，也就更谈不上恪守职责了。因此，让我们学习感恩领导吧！这样总有一天你会受重用。优秀员工要懂得感恩。虽说通过个人的勤奋和吃苦耐劳能出色地完成工作，但同时应该承认，在一个人的人生历程中，接受来自别人的帮助也是很重要的。受助和施助看起来是矛盾的，但高尚的依赖和自立自强又是统一的，一个优秀而谦虚的人往往乐于承认和接受别人的帮助。

许多成功的人都说他们是靠自己的努力而成功的。然而，无论自己的行为是多么的明智和完美，都不能不对别人心存感激。只有对别人感激才是明智的，没有感激是不能构成完美的。静下心来，想想你的每次行动，哪一次没有别人的帮助？如果你是员工，你的工作是老板提供的；你用的工作设备、文件纸张等等都是别人提供的；你是编辑，所引用的资料和信息都是作者的……只要你有稍许的谦逊，你就会发现你身边有许多意料之外的支持，你难道不应该时刻感谢别人的恩惠吗？

感恩是美好的字眼，不花一美元，只要你虔诚地给予，这项投资会给你带来意想不到的收获。你的人格魅力会罩上谦逊的光彩；你无穷的智慧将被源源不断地挖掘出来；还可以开启你神奇的力量之门。

现在越来越多的员工，常常满腹牢骚，抱怨这个不对，那个不好。在他们眼里只有自我，恩义如杂草，他们贫乏的内心不知道什么是回报。工作上的不如意，似乎是教育制度的弊端造成的；把老板和领导的种种言行视之为压榨。正是那种纯粹的商业交换的思想造成了许多公司老板和员工之间的矛盾和紧张关系。

但是，没有老板也就不会有你的工作机会，从这个意义上来说，老板是有恩于你的。那么，为什么不告诉老板，感谢他给你机会呢？感谢他的提拔，感谢他的努力。为什么不感激你的同事呢？感激他们对你的理解和支持，还有平时你从他们身上学到的知识。如果是这样，你的老板也会受这样一种高尚纯洁的礼节和品质的感染，他会以具体的方式来表达他的感激，也许是更多的工资，更多的信任和更多的服务。你的同事也会更加乐于和你友好相处。

把感恩的话说出来，并且经常说出来，有一个最大的好处，就是可以增强公司的凝聚力。看看那些训练有素的推销员，遭到拒绝后，他们仍然感谢顾客耐心地聆听自己的解说，这样他就有了下一次惠顾的机会！即使老板批评了你，也应该感谢他给予的种种教诲。记住，永远都需要感谢！

永远不要觉得感恩是溜须拍马和阿谀奉承。与迎合他人表现出的虚情假意不同的是，感恩是真诚的，是自然的情感流露，没有什么功利性，是不求回报的。你完全没有必要惧怕他人的流言蜚语，更无需刻意地疏远老板。坦荡的感激，是清白最好的证明。你的老板有足够的聪明，注意到你的感激是发自肺腑的。你的感激对他来说是一种认同和支持，同时也是一种鼓励。

因此，感恩并不仅仅有利于公司和老板。对于个人来说，感恩是富裕的人生，只知道受恩则表示你的贫乏。即使你的努力和感恩并没有得到相应的回报，也不必抱怨自己什么都没有得到。你从事过的工作，已经给了你许多宝贵的经验与教训。这样工作起来，你就不是在承受压力，而是在享受一种动力带来的愉快、自然的心情。

懂得感恩应该成为一种普遍的社会道德。得到了晋升，你要感谢老板的独具慧眼，感谢他的赏识；失败的时候，你不妨对上帝给了你一次锻炼的机会而心存感激。

对于忘恩负义的人来说，对别人的帮助往往是感觉不到的。但是，你若要在工作中得到更多，就应该时刻记住：你拿的薪水就像你吃的水！即使挖井人不图你的回报，你也应该有个感恩的态度，至少在适当的时候表示你的感谢。最终你会发现，这种知恩图报的回报大大超出了你的想象。

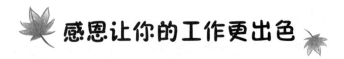

感恩让你的工作更出色

感恩既是一种良好的心态，又是一种奉献精神，当你以一种感恩的心情工作时，你会工作得更愉快，你的工作会更出色。我们常常为一个陌路人的点滴帮助而感激不尽，却无视朝夕相处的老板的种种恩惠。这种心态总是让我们把公司、同事对自己的付出视为理所当然，还时常牢骚满腹、抱怨不止，也就更谈不上尽职尽责了。

每一份工作或每一个工作环境都无法尽善尽美。但每一份工作中都包含许多宝贵的经验和资源，如失败的沮丧、自我成长的喜悦、默契的工作伙伴、值得感谢的客户等，这些都是工作成功必须学习的感受和必须具备的财富。如果你能每天怀着一颗感恩的心情去工作，在工作中始终牢记"拥有一份工作，就要懂得感恩"的道理，你一定会收获颇多。

办事员晓刚在谈到他破例被派往国外公司考察时说："我和他虽然同样都是研究生毕业，但我们的待遇并不相同，他职高一级，薪金高出很多。庆幸的是，我没有因为待遇不如人就心生不满，仍是认真做事。当许多人抱着多做多错、少做少错、不做不错的心态时，我尽心尽力做好我手中的每一项工作。我甚至会积极主动地找事做，了解主管有什么需要协助的地方，事先帮主管做好准备。因为我在上班报到的前夕，父亲就告诫我三句话："遇到一位好老板，要忠心为他工作；假设第一份工作就有很好的薪水，那你的运气很好，要感恩惜福；万一薪水不理想，就要懂得跟在老板身边学功夫。"

"我将这三句话深深地记在心里，自始至终秉持这个原则做事。即使起初位居他人之下，我也不计较。但一个人的努力，别人是会看在眼里的。在后来挑选出国考察学习人员时，我是唯一的一个资历浅、级别低的办事员。这在公司里是极为少见的。"

所以优秀员工在职场中不管做任何事，都要把自己的心态摆正，抱着学习的态度，将每一次都视为是一个新的开始，一次新的尝试，不要计较一时的待遇得失。一旦做好心理建设，拥有健康的心态之后，做任何事都能心甘情愿、全力以赴，当机会来临时才能及时把握住。千万不要觉得工作像鸡肋一般食之无味，弃之可惜，结果做得心不甘情不愿，心存怨愤。

带着一种从容坦然、喜悦的感恩心情工作吧，你会获取更大的成功。感恩的心情基于一种深刻的认识：公司为你展示了一个广阔的发展空间，公司为你提供了施展才华的场所，对公司为你所付出的一切，你都要心存感激，并力图回报。你要喜爱公司赋予你的工作，全心全意、不遗余力地为公司增加效益，完成公司分派给你的任务。同时注重提高效率，多替公司的发展规划构思设想。

你必须一切以大局为重。当你遭遇到不公正待遇时，请相信这只是公司管理阶层一时的失误，甚至是公司对你的考验。所谓"天将降大任于斯人也，必先苦其心志……"时刻抱着一颗感恩的心。成功时感激老板给你提供条件和机会；失意时感激老板对你进行考验，磨砺你的心志。这样，你会逐渐明白，感恩不仅对公司老板有益；于你个人更是受益匪浅。通过感恩，你会发现，感恩是内心情感的自然流露，他使你更积极，更有活力。

所以，千万不要忘了身边的人，你的老板，你的同事，他们都是了解你的，支持你的，你要亲口说出对他们的谢意，并用良好的工作回报他们，这样不仅能得到他们更多的信任和支持，还能给公司带来更强大的凝聚力，不管于公于私都大有裨益，你又何乐而不为呢？

优秀员工应该看到：当你心怀感激，忠心地为公司工作时，老板一定会为你设计更辉煌的前景，提供更好的发展机会。

确立你的价值观

健康心态是事业成功的前提。要想成为一名优秀员工，就必须对自己的心态有严格的要求，他应当学会控制自己的情绪，培养健康的心态，拥有正确的价值观，把精力投入到工作和事业中去。在困难和挑战面前表现出好的心态，表现出坚定信念，既是企业对员工的要求，也是一个员工能有所作为的关键因素。

我们无时无刻不在展现我们的心态，无时无刻不在表现希望或担忧。我们的声望以及他人对我们的评价，与我们自己的自信有很大的关联。如果我们自己都缺乏自信，那么别人不可能相信我们，如果别人因为我们的思想经常表现出消极软弱而认为我们无能和胆小，那么，我们将不可能被提升到一些责任重大的高级职位上去。

拥有健康的心态首要的是要建立正确的价值观。

每个人都必须知道他到底要的是什么，他最想要的是什么，他第二想要的是什么。

要想成为一名优秀的员工，必须在这一点上对自己有更高的要求。必须拥有一个正确的价值观。

价值观是人们对人生价值的总的、根本的看法。价值观评价的标准是对社会发展和人类进步是否有利。对我们个人而言，正确的价值观就是在符合法律、社会道德规范的前提下，充分发挥自己的主观能动性，创造尽量多的社会财富，并在此过程中，实现自己的人生理想，为社会的稳定和发展作出自己的贡献。

要使生活有意义，生命有价值，我们必须作出正确的人生价值目标的选择，而这个正确的目标就是正确对待个人利益与社会利益的关系，把个人利益和社会利益结合起来，在为社会利益，为人民服务中实现个人利益，又以个人的发展和完善去促进社会的发展。人们所从事的事业不下千百种，但不论人们选择了什么样的事业目标，只要人们选择了正确的价值目标，个人的生活事件就有一贯之的"灵魂"，没有价值目标的人生，是庸碌的人生、盲目的人生。错误的人生价值目标则把人生导向错误的方向，必然受到客观标准的限制，直至社会的惩罚。

每一个人，都应有正确的、崇高的价值观。为崇高的价值目标奋斗，即是为社会的美好也是为个人的美好而奋斗。美好的社会条件，丰富的物质生活条件都不是从来就有的，而是人们的创造劳动结果。人格的崇高，人品的至善也不是先天就有的，而是在后天的实践中养成的。个人在为社会的完善过程中完善自我，也就是价值观的实现。当然，这一社会完善和个人的完善过程是永远不会完结的。价值观的实现，不论从个人还是从人类总体来看，都是无止境的。无止境的追求，这就是人生价值之真谛。无论是个人还是公司无止境的追求，只能说明你明确了目标，而作为一名优秀员工，真正的价值是要为公司获得应有的社会效益和经济效益而得以认可，这就是你所在公司存在的价值。

为了做到这一点，优秀员工必须要有正确的价值观。也就是人家时常问："一生当中到底什么对你才是最重要的？"也许你的价值观看起来不是那么光辉四射，但那也是你的价值取向。只要你觉得正确，符合法律和社会道德规范，对社会的稳定和发展不会有阻碍，那么，这就是你的正确的价值观。

4年前，小李刚从北京某名牌大学毕业。那时候对他而言，最重要的是要成功。事实上现在这个想法有很大改变，他现在觉得健康是最重要的。如果他不健康的话，铁定不能很好地去工作，更谈不上有工作的最大激情，也同时会影响他工作以外的部分。因此，他觉得健康对他而言应该是最重要的。

每一个人的工作都是很重要的。他的工作就是要完成他工作上的使命，就是要为社会做有贡献的事情。同时他觉得休闲娱乐也是非常重要的，所以他会不断去看电影，他会去游泳，他觉得人生不应该每天过得很紧张，他必须要努力，同时他必须要很轻松地过他想要过的生活。他觉得这是成功的第三步，也就是明确个人的价值体系。

设定价值观的规则在于：自己能够主控的，不能主控的价值观是没有意义的；很容易达成，所设定的价值观能够轻松达成的，就能够使人快乐；每一天都能做得到，每天都有一个小小的进步；至少有三项标志，以标志为导向，获得阶段性成功。

价值观对我们来说是重要的事情，他是一种感觉，用形容词来表示如健康、快乐、安全、感恩、幸福、进步等。人生的价值观和思想都表现在行动上，改变价值观和信念，我们才会有好的行动力。

 ## 控制好你的工作情绪

一位哲人说："上帝要毁灭一个人，必先使他疯狂。"你如果要成为公司的优秀员工，你要注意了：控制情绪。应当学会控制自己的情绪，把精力投入到冷静的思考中去。事业的成功在很大程度上依赖于情绪控制和严格自律。懂得自制是事业成功的前提。

从前有一个人提着网去打鱼，不巧这时下起了大雨。这个人非常生气："天气太讨厌了，早不下雨，晚不下雨，偏偏在我去打鱼的时候下。"于是一赌气将网撕破了，撕破了渔网还无法消除心中的怨气，他又气恼地一头栽进池塘，再也没有爬上来。多么可悲的傻瓜，怒火吞噬了他自己，他本可以等天晴了再去打鱼，下雨天反而可以好好休息一下，整理一下渔网。

1980 年美国总统大选期间，里根在一次关键的电视辩论中，面对竞选对手卡特对他当演员时期的生活作风问题发起的蓄意攻击，他丝毫没有愤怒的表示，只是微微一笑，诙谐地调侃说："你又来这一套了。"一时间引得听众哈哈大笑，反而把卡特推入尴尬的境地，从而为自己赢得了更多选民的信赖和支持，并最终获得了大选的胜利。

不能很好调整和控制自己情绪的人，结果是把工作越弄越糟，自己也受到了伤害，成了情绪的奴隶。

在 20 世纪 60 年代早期的美国，有一位很有才华、曾经做过大学校长的人，参加美国中西部某州的议会议员竞选。此人资历很高，又精明能干、博学多识，看起来很有希望赢得选举的胜利。但是，在选举的中期，有一个很小的谣言散布开来：三四年前，在该州首府举行的一次教育大会期间，他跟一位年轻女教师有那么一点暧昧的行为。这实在是一个弥天大谎，这位候选人对此感到非常愤怒，并尽力想要为自己辩解。由于按捺不住对这一恶毒谣言的怒火，在以后的每一次集会中，他都要极力澄清事实，证明自己的清白。

其实，大部分的选民根本没有听到过这件事，但是，现在人们却愈来愈相信有那么一回事，真是愈抹愈黑。公众们振振有词地反问："如果你真是无辜的，为什么要百般为自己狡辩呢？"如此火上浇油，这位候选人的情绪变得更坏，也更加气急败坏、声嘶力竭地在各种场合为自己洗刷，谴责谣言的传播。然而，这却更使人们对谣言信以为真。最悲哀的是，连他的太太也开始转而相信谣言，夫妻之间的亲密关系被破坏殆尽。最后他失败了，从此一蹶不振。

很难想象，一个喜怒无常的职场中人能做出什么大的成绩，因为他被坏情绪包围，无法集中精力、全心投入去做一份工作，而且还会因此而毁了自己的工作和生活。

人们遇到挫折时，愤怒是最容易办到的事，但也是最不明智的做法。相反，如果能转换情绪，冷静地多问、多思考自己之所以不成功的原因，你会成为一个真正发掘自己强项的成功者。

你的情绪会给你带来推动力，而这股动力很可能就是使你将决定转变为具体行动的力量。你如果控制和引导你的情绪，他就会给你带来信心和希望；而如果你压抑或者摧毁你的情绪，那失败就会不请自来。所有的情绪都是一种心理状态，也是你能掌握的对象。自律和自制就是最好的武器。他会使你自己成为情绪的主宰，对逆境应对自如，从而以平静之心敏感地捕捉成功的机会。一个优秀的职业人，一个有志于成为公司支柱的员工，懂得如何控制自己的情绪，展现自己最适合的表情给别人，这是一种气度，更是一种魅力。

 ## 以好的心态工作和生活

　　优秀员工一定要有好的心态，才能勇敢地迎接困难和挑战，走向成功的彼岸。我们无时无刻不在展现我们的心态，无时无刻不在表现希望或担忧。我们的声望以及他人对我们的评价，与我们自己的自信有很大的关联。如果我们自己都缺乏自信，那么别人不可能相信我们，如果别人因为我们的思想经常表现出消极软弱而认为我们无能和胆小，那么，我们将不可能被提升到一些责任重大的高级职位上去。

　　如果我们展示给人的是一种自信、勇毅和无所畏惧的印象，如果我们具有那种震慑人心的自信，那么，我们的事业就可能会获得巨大的成功。如果我们养成了一种必胜信心的习惯，那人们就会认为，我们比那些丧失信心或那些给人以软弱无能、自卑胆怯印象的人更有可能赢得未来，更有可能成为一代富有者。换句话说，自信和他信几乎同等重要，而要使他人相信我们，我们自身首先必须展现自信和必胜的精神。

以胜利者心态生活的人，以征服者心态生活在世界上的人，与那种以卑躬屈膝、唯命是从的被征服者心态生活的人相比，与那种仿佛在人类生存竞赛中遭到惨败的人相比，是有很大区别的。

像比尔·盖茨这样每个毛孔都热力四射的人，这样总给人以朝气蓬勃、能力超凡印象的人，与那种胆小怕事、自卑怯懦的人，与那种总是表现得软弱无能、缺乏勇气与活力的人比较一下吧！他们的影响有多么大的不同啊！世人都珍爱那种具有胜利者气度的人，那种给人以必胜信心的人和那种总是在期待成功的人。

面对滚雪球一样滚大的中国富豪群体，我们不能只是羡慕，只是眼红，只是嫉妒，而应该深思：为什么他们能够富起来，而我们却还在贫困线上挣扎呢？像当年陈胜、吴广所说的："王侯将相宁有种乎？"今天我们也不禁要提出类似的疑问"发财致富宁有种乎？"大家都生活在同一时代，看见的听到的都是一样的事物，机会也一样地摆在人们面前，为什么我们在财富上却截然不同呢？不是他们有特殊的本领，也不是他们有特殊的家庭背景，相反，他们基本上都是白手起家的。多的靠一两千元起家，少的只有几十元。许多人致富之前甚至比我们的条件更差。只不过他们比我们先行了一步。过去有过去赚钱的机会，现在有现在赚钱的途径。实际上，随着科技的进步与经济的发展，我们未来赚钱的机会更多。对此，我们完全应该充满自信。正如大陆首富，新希望集团总裁刘永好认为，只要有勇气投入到新的生存方式中去，就可以显著地改善自己的收入状况。

包玉刚一条破船闯大海，当年曾引起不少人的嘲弄。包玉刚并不在乎别人的怀疑和嘲笑，他相信自己会成功。他抓住有利时机，正确决策，不断发展壮大自己的事业，终于成为雄踞"世界船王"宝座的名人巨富。他所创立的"环球航运集团"，在世界各地设有20多家分公司，曾拥有200多艘载重量超过2000万吨的商船队。他拥有的资产达50亿美元，曾位居香港十大财团的第三位。

包玉刚不是航运家，他的父辈也没有从事航运业的。中学毕业后，他当过学徒、伙计，后来又学做生意。30岁时曾任上海工商银行的副经理、副行长，并小有名气。31岁时包玉刚随全家迁到香港，他靠父亲仅有的一点资金，从事进口贸易，但生意毫无起色。他拒绝了父亲要他投身房地产的要求，表明了欲从事航运的打算，因为航运竞争激烈，风险极大，亲朋好友纷纷劝阻他，以为他发疯了。

但是包玉刚却信心十足，他看好航运业并非异想天开。他根据在从事进出口贸易时获得的信息，坚信海运将会有很大的发展前途。经过一番认真分析，他认为香港背靠大陆、通航世界，是商业贸易的集散地，其优越的地理环境有利于从事航运业。37岁的包玉刚正式决心搞海运，他确信自己能在大海上开创一番事业。于是，他抛开了他所熟悉的银行业、进口贸易，投身于他并不熟悉的航海业，当时人们对他的举动纷纷讥笑讽刺。的确，对于穷得连一条旧船也买不起的外行，谁也不敢轻易把钱借给他，人们根本不相信他会成功。他四处借贷，但到处碰壁，尽管钱没借到，但他经营航运的决心却更加强了。后来，在一位朋友的帮助下，他终于贷款买来一条20年航龄的烧煤旧船。从此，包玉刚就靠这条整修一新的破船，挂帆起锚，跻身于航运业了。

包玉刚的崛起，令世界上许多大企业家为之震惊：他靠一条破船起家，经过无数次惊涛骇浪，渡过一个又一个难关，终于建起了自己的王国，结束了洋人垄断国际航运界的历史。回顾一下他成功的道路，他在困难和挑战面前所表现出的坚定信念，对我们每个人都有有益的启发。

在困难和挑战面前表现出好的心态，表现出坚定信念，是企业对优秀员工的要求。如果你希望在企业中有所作为，成为公司不可或缺的员工，那么你准备好了好的心态吗？

第三章

对于差不多的工作，你更要敬业

要使自己敬业，就必须把工作当成自己的事业，倾情于自己的工作，要具备一定的使命感和道德感。要从小处着眼，认真负责，一丝不苟，并且有始有终。要专心致志、满怀热情地投入工作，要争取比别人干得更多。如果我们在工作上能敬业，并且把敬业变成一种习惯，我们会一辈子从中受益，成为职场的真正王者。

出色员工都是敬业用心的

所谓敬业精神，就是要敬重你的工作。为何要如此，我们可以从两个层次去理解。低层次来讲，老板为你的工作支付了薪水，也就是说，敬业是为了对老板有个交代。如果我们上升一个高度来讲，那就是把工作当成自己的事业，要具备一定的使命感和道德感。不管从哪个层次来讲，敬业所表现出来的就是认真负责，一丝不苟，并且有始有终。

很多年轻人初入社会时都有这样的感觉，自己做事都是为了老板，为他人挣钱。其实，这也并无什么关系，你出钱我出力，情理之中的事。再说，要是老板不赚钱，你怎么可能在这家公司好好呆下去呢？但有些人认为，反正为人家干活，能混就混，公司亏了也不用我去承担，他们甚至还扯老板的后腿，背地里做些不良之事。稍加细致地想想，这样做对你自己并没什么好处。敬业，表面上看是为了老板，其实是为了自己，因为敬业的人能从工作中学到比别人更多的经验，而这些经验便是我们向上发展的踏脚石，就算我们以后换了地方、从事不同的行业，我们的敬业精神也必会为我们带来帮助。因此，把敬业变成习惯的人，从事任何行业都容易成功。

有句古老的谚语：我们都是习惯的产物。这种说法是千真万确的，因为所有的人都是遵从某种习惯来生活的。

某些习惯决定于他的文化，几乎人人都会养成这种习惯。比如：当我们早晨醒来之后，我们所做的第一件事就是刷牙。大多数人都有这种习惯，而且这是很好的习惯，它使我们的呼吸芬芳可人，牙齿更健康，嘴巴也更清爽。

如果我们的习惯是好的、有益健康的，那我们一定是个很愉快的人，一定有益于发挥我们的强项。如果我们的习惯并不好，那我们应该尽一切力量来改变，如此才能克服我们的弱点，把弱点变成生存的一种优势。

对很多人来说，习惯是个消极性的名词。在这个重视物质、忽视道德与精神的时代，我们所听到的都是喝酒的习惯、抽烟的习惯以及滥服药物的习惯。

但是习惯也有好的，甚至还能鼓舞人心。一个人由弱而强的过程就是克服坏的习惯，摆脱坏习惯，养成好习惯的过程。

习惯同时也控制着我们的生活。举个最简单的例子，在每个早晨醒来之后，我们总习惯刷牙、盥洗、换上干净的衣服、扣好扣子、吃顿早餐。如果我们未养成这些良好的习惯，那么将不被邻人、同事及亲朋好友所接受。

如果没有习惯，我们的日常活动就会缓慢下来，形成一种散漫的生活方式。即使是简单的生活功能，也会和自己发生冲突。我们需要一整天 24 小时的时间才能完成白天的工作，将没有时间睡觉。养成敬业的习惯之后，或许不能立即为我们带来战胜弱点的好处，但可以肯定的是，如果我们养成了一种不敬业的不良习惯，我们的成就相当有限，我们的那种散漫、马虎、不负责任的做事态度已深入到我们的意识与潜意识中，做任何事都会随便做一做，结果不用问就可以知道。如果到了中年还是如此，很容易就此蹉跎一生，还说什么由弱而强，改变一生呢。

所以，敬业短期来看是为了公司，长期来看是为了我们自己！此外，敬业的人才有可能由弱而强，并且敬业还有其他好处：

（1）容易受人尊重。就算工作绩效不怎么突出，别人也不会去挑你的毛病，甚至还会受到你的影响。

（2）易于受到提拔。领导或主管都喜欢敬业的人，因为这样他们可以减轻工作压力，把事情交给敬业的人放心。你如此敬业，他们求之不得。

一般来讲，如果一个人想由弱而强，在一个地方做不好工作，也很难在别的地方做好工作。当然，有的人会想，现在找工作也并不只有一条路，此处不留，自有他处。不如过一天算一天，这样的人注定不能由弱而强，只能是强者的临时工，而要使自己成不败的强者，只有良好的敬业习惯能够拯救我们。

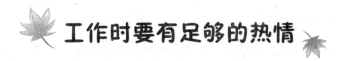

工作时要有足够的热情

要养成敬业的习惯，首先要做到倾情于自己的工作。

懒惰与成功是永远不可能相交的，要想在某一领域获得一定成就，倾情于自己的工作是最基本的一个因素。

有人说，工作着的人永远是年轻快乐的，其实这句话不甚确切，应该说倾情于自己工作的人永远年轻快乐。对工作充满热情正是获得生命价值的所在，有个美国记者到墨西哥的一个部落采访。这天是个集市日，当地土著人都拿着自己的物产到集市上交易。这位美国记者看见一个老太太在卖柠檬，五美分一个。老太太的生意显然不太好，一上午也没卖出去几个。这位记者动了恻隐之心，打算把老太太的柠檬全部买下来，以便使她能"高高兴兴地早些回家"。当他把自己的想法告诉老太太的时候，她的话却使他大吃一惊："都卖给你？那我下午卖什么？"

倾情于自己的工作并不在于工作本身的贵贱。做同一件事，有人觉得做得有意义，有人觉得做得没意义，其中有天壤之别。做不感兴趣的事所感觉的痛苦，仿佛置身在地狱中。每个人对工作的好恶不同，假使能把工作趣味化、艺术化、兴趣化，就可以把工作轻松愉快地做好。人生并不长，因此最好尽量选择适合你兴趣的工作。工作合乎你的兴趣，你就不会觉得辛苦。

那些取得卓越成就的人，无一不是对自己所选择的工作倾注100％的热情。爱迪生曾说："在我的一生中，从未感觉在工作，一切都是对我的安慰……"大仲马这位享誉全世界的作家，他一生活了68岁，到晚年自称毕生著书1200部。他白天同他作品中的主人公生活在一起，晚上则与一些朋友交往、聊天。有人问他："你苦写了一天，第二天怎么仍有精神呢？"他回答说："我根本没有苦写过。""那是怎么回事呢？""我不知道，你去问一棵梅树是怎样生产梅子的吧！"看来大仲马是把写作当作了乐趣，当作了生活的全部。

能否为自己的工作倾注足够的热情，是很多领导评价员工的标准，所以千万不要和朋友这样谈论自己的领导和公司："我要应付那些我不愿做的事。为什么一定要给那个讨厌的领导干活。领导一点也不了解我，信任我。"这样你给别人留下消极、爱发牢骚的印象，同时也会使你自己丧失上进的动力和兴趣，阻碍你的发展。带有厌世情绪的人很难取得成功。他们不喜欢他们的工作和他们生活的世界，怀疑他们周围的人都是不诚实的、愚笨的。他们眼中的一切似乎都是灰色的，而且他们还用自己对生活的绝望态度和无所寄托的颓丧情绪影响着周围的人。

有一位工作能力很强的女员工，每天都将工作干得很不错，但是她有个毛病，就是无论走到哪里不是抱怨空调太冷就是太热。她贬损领导，埋怨工作。她对同事们说，工作是浪费时间。在两年内她已经失去过五次工作，而仍未从任何她曾为其工作过的人那儿获得有益的经验。牢骚太盛的话很易消磨一个人的工作热情。因为，没有热情，任何伟大的业绩都不可能成功。

不管是什么样的事业，要想获得成功，首先需要的就是工作热情。这对推销员来说更是如此。因为推销员整日、整月，甚至整年地到处奔波，辛苦地推销商品，其所遭遇的失败不用说了，就是推销工作所耗费的精力和体力，也不是一般人所能吃得消的，再加上通常接二连三失败的打击，可想而知，推销员是多么需要热情和活力。可以说，没有诚挚的热情和蓬勃的朝气，推销员将一事无成。所以，推销员不仅要锻炼健康的体魄，更重要的是具有诚挚热情的性格。热情就是决定推销工作能否取得成功的首要条件，只有诚挚的热情才能融化客户的冷漠拒绝，使推销员"克敌制胜"，由此可见，热情确是推销员成功的一种天赋神力。

热情还是我们最重要的财富之一。不管我们是 3 岁或 30 岁，6 岁或 60 岁，9 岁还是 90 岁，热情使我们青春永驻。任何年龄的人只要具有自我完善的强烈愿望，他都可以找到永葆青春的源泉。不管你是否意识到，每个人都具备着火热的激情，只是这种热情深埋在人们的心灵之中，等待着被开发利用，心中制定的目标服务。你要找到自己的热情，正如信心和机遇那样。热情全靠自己创造，而不要等他人来燃起你的热情火焰。因为："缺少自身的努力，任何人都无法使你满腔热情；没有自身的努力，任何人都无法使你满腔热情；没有自身的努力，任何人都无法使你渴望去达到目标。"

热情应该是一种能转变为行动的思想、一种动能，他像螺旋桨一样驱使你到达成功的彼岸，但首先你得有一个决心要达到的目标。热情能够使你对自己充满信心，能望见遥远之巅的美好景色。你能集中自己的全部精力，斗志昂扬；你也能够自律自制；你运用自己的想象力，修身养性，不断完善；热情还能使你在悔过时能迅速回到现实中来，助你取得最终的成功。在热情的世界里是找不到迷惑、失望、惧怕、颓废、担忧和猜疑的，这些使你未老先衰的消极情绪早已被火热的激情冲走。所以，热情为你终生带来年轻和成功。

 # 不要计较比别人干得多

养成敬业的习惯还要求你全心全意投入你的工作，干得比别人更多。

现在一个人 10 年换 6 次工作都很常见。但 1966 年的华尔街完全不像现在这样。那时的人并不跳来跳去，人们常常把自己的一生和某个公司联系在一起。

从布隆伯格被所罗门公司录用的那一刻起，他就认为自己是一个"所罗门"人了。许多大公司贪求与众不同的门第、风格、语音和常春藤联校的教育背景，而所罗门更看重业绩，鼓励实干，容忍异议，对博士生和中学辍学生一视同仁，布隆伯格感到很适应，他觉得那正是适合他的地方。

那时的职员都接受雇主的保护，这是因为，在那时的华尔街，重要的是组织而不是个人。

当时的布隆伯格认为：如果你能进入一个投资银行公司——对不是创始家族的继承人来说，可不是一件容易的事，你会把他看成是终生的职业。你会一直干下去，最终成为一名合伙人，然后在年纪很大时死在一次商务会议当中。

布隆伯格说："我永远热爱我的工作并投入大量时间，这有助于我的成功。我真的为那些不喜欢自己工作的人感到惋惜。他们在工作中挣扎，这么不快活，最终业绩很少，这样他们就更憎恶他们的职业。在这短短的一生中有太多令人愉快的事情去做，平日不喜欢早起就干不过来。"

布隆伯格每天早上到班，除了老板比利·所罗门，比其他人都早。如果比利要借个火儿或是谈体育比赛，因为只有布隆伯格在交易室，所以比利就跟他聊。

布隆伯格26岁时成了高级合伙人的好朋友。除了高级主管约翰·古弗兰德，布隆伯格常是最晚下班的。如果约翰需要有人给大客户们打个工作电话，或是听他抱怨那些已经回家的人，只有布隆伯格在他身边。布隆伯格可以不花钱搭他的车回家，他可是公司里的二号人物。

布隆伯格认识到："使我自己无所不在并不是个苦差事——我喜欢这么做。当然了，跟那些掌权的人保持一种亲密的工作关系也不大可能有损我的事业。我从来不理解为什么其他人不这么做——使公司离不开他。"

他在研究生院第一年和第二年之间的那个夏天为马萨诸塞州剑桥镇哈佛广场的一个小房地产公司工作，他就是早来晚走的。学生们到城里来就是为了找一个9月份可以搬进去的地方。他们总是急三火四的，想尽快回去度假。

布隆伯格早晨6点30分去上班。到7点30分或8点的时候，所有来剑桥的可能租房的人已经给公司打电话，跟接电话的人订好看房时间了。他当然就是唯一一个来这么早接电话的人，那些给这个公司干活的成年"专职"们（他只是"暑期打工仔"）在9点30分才开始工作。于是，每天当一个接一个的人进办公室找布隆伯格先生时，他们坐在那里感到很奇怪。

伍迪·艾伦曾说过：80%的生活是仅仅在露面而已。布隆伯格非常赞赏这句话。他说："你永远不可能完全控制你身在何处。你不能选择开始事业时的优势，你当然更不能选择你的基因智力水平。但是你却能控制自己工作的勤奋程度，我相信某地有某人可以不努力工作就聪明地取得成功并维持下去，但我从未遇见过他（她）。你工作得越多，你做得就越好，就是那么简单。我总是比其他人做得多。"

当然，布隆伯格并没有因为工作影响了自己的生活。他说："我不记得曾因工作太紧或我太专注工作而耽误了晚上或周末的娱乐。我跟所有女孩们的约会、我去滑雪、跑步和参加聚会比别人都多。我只是保证 12 个小时投入工作，12 个小时去娱乐——每天如此。你努力得越多，你就拥有越多的生活。"

无论你的想法是什么，你必须为实现他干得比其他人更多——如果你把工作安排成一种乐趣，那他就是一件比较容易的事。奖赏几乎都是给那些比别人干得多的人。你投入时间并不能保证你就会成功，但如果你不投入，结果就更可想而知。

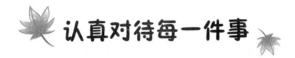

认真对待每一件事

职位的晋升是建立在忠实履行日常工作、用心做好每一件事的基础上的。只有尽职尽责、用心做好目前的工作，才能使你获得价值的提升。所以，从一开始工作，就要谨记"每件事情都用心做"这个职场原则，才能为你的事业发展创造有利的条件。

用心去做每件事，做每件事情都要用心，这是要求员工应该具有的职业道德。用心做与用手做不一样，只有用心做才能获得好的质量和效果，也才能不辜负客户和公司。

"用心去做"是一个严谨的工作态度，或者说，他是一个最起码的职业道德，也是身在职场最基本的要求。你可以能力低于别人，但如果你连用心工作都做不到，那你真的就已经面临很大的危险了。

所谓"用心"工作，就是凡事要认真。认真工作的态度，会为一个人既定的事业目标积累雄厚的实力，同时还会给公司、老板带来最大化的实际利益。因此，在每一个公司里，认真"用心"做事的员工都颇受老板青睐。

只要是职业人，都会渴望自己得到提升得到加薪，而职位的晋升是建立在忠实履行日常工作、用心做好每一件事的基础上的。只有尽职尽责、用心做好目前的工作，才能使你获得价值的提升。所以，从一开始工作，就要谨记"每件事情都用心做"这个职场原则，才能为你的事业发展创造有利的条件。

许多人烦恼于工作的平凡、枯燥，但你要知道没有什么工作是永远充满刺激和乐趣的，关键在于你对待工作的态度，一样平凡、枯燥的工作，不一样的人、不一样的态度，享受工作的过程是有着很大的区别的。

三个工人正在砌砖，有人问他们："你们在做什么呢？"第一个工人没好气地嘀咕："你没看见吗，我正在砌墙啊。"第二个工人有气无力地说："嗨，我正在做一项每小时9美元的工作呢。"第三个工人哼着小调，欢快地说："你问我啊？朋友，我不妨坦白告诉你，我正在建造这世界上最伟大的教堂！"

也许你可能不喜欢你眼下的工作，甚至让你感到了厌烦。但你必须明白：这并不是老板或公司的错，需要改变的是你自己，你要学着去爱你眼下的工作！你只有爱你的工作，你才会用心去做。这是最起码的职业道德、职业素养。如果你连这些琐碎、具体的事情都做不好，你又怎么可能去做轰轰烈烈的大事呢？世界上没有卑微的工作，只有卑微的工作态度，只要全力以赴地去做，再平凡的工作也会变成最出色的工作。

让每一次结果达到最满意

海尔集团总裁张瑞敏有一句名言："把每一件简单的事做好就是不简单，把每一件平凡的事做好就是不平凡。"

你觉得工作琐碎、简单，提不起兴趣，也毫无创造性可言。可是，就是在这极其平凡的职业中、极其低微的位置上，往往蕴藏着巨大的机会。只要把工作做得比别人更完美、更迅速、更正确、更专注，调动自己全部的智力从旧事物中找出新方法来，才能引起别人的注意，使自己有发挥本领的机会，满足心中的愿望。这一切，都需要你用心去做，才能达到自己想要的效果，任何的敷衍可能一时欺骗得了别人，但永远也无法欺骗自己的心和前途。

在做完一项工作后，你应该这样告诉自己："我愿意做那份工作，而且我已经竭尽所能、尽我的全力、用心来做了，我更愿意听取别人对我的批评。"

世界上没有卑微的工作，只有卑微的工作态度，只要全力以赴地去做，再平凡的工作也会变成最出色的工作，正如希尔顿所言："世界上没有卑微的职业，只有卑微的人。"所以，你要考虑的不是工作是什么，而是自己应该以什么样的态度来对待自己的工作。每个人都应当把自己看成是一个艺术家，而不是一个工匠，应该用心、用创作的态度去对待每一件事。

成功者和失败者的区别就在于：成功者无论做什么工作，都会用心去做，并力求达到最佳的效果，不会有丝毫的放松；成功者无论做什么职业，都不会轻率敷衍。

 # 努力去做好每一件事情

物以类聚，人以群分，你应该认真地审视自己属于哪一种人。有一种人，面对重大的任务他总是能主动要求和承担更多的责任或自动承担责任。即使是任务再艰巨，他也是义无返顾地往前。这样能够为老板分忧解难的员工，老板们怎么会不喜欢呢？也只有在危难的时候才能真正体现出人才的价值。

然而在大多数情况下，即使你没有被正式告知要对某事负责，也应该努力做好它。只做好手边工作的人只能永远只做手边的工作，做得最好也就是可以勉强度日，也不会有什么别的成绩，容易满足的人是不可能有什么大的作为的。如果你能主动表现出胜任某种工作，那么责任和报酬就会接踵而至，同样的，老板的信任和钟爱也会随之而来的。

但是我们也明白有两种人永远无法超越别人：一种人是只去做别人交待的事，每天只要做好手边必须要处理的事就可以好好享受了，既没有大的付出也没有大的收获，每天浑浑噩噩地度日，日子过得如同嚼蜡，毫无味道，久而久之，就对生活和工作失去热情和希望，只是盼每天多多有应酬，了无生趣。另外一种人是即使是老板交代了任务他也做不好。总之，每当公司裁员的时候他们就会成为老板们的第一人选，或在同一个单调的工作岗位上耗尽终生的精力。用这两种方式做事或许可以自在一时，但却永无成功之日。

当告诉他去做某一件事的时候，他就会自觉地去做，这也是一类人。这种人平时默默无闻，既没有过分的要求也没有过高的奢望，只要完成自己的工作就万事大吉了。这些人是属于被动完成任务的，那么完成的质量就可想而知了啊。这样他们所得到的报酬与他们所完成的工作并不成正比。

另外一种人，这种人只有当他们被告知过两次后才去做事情，他们能得到荣誉和老板的信任吗？答案当然是否定的。

然而，还有一类人更是糟糕。即使由别人做好计划，定好规则，分配好任务，但是这类人还是不为之所动，他们的思维逻辑就是即使别人领先于他们，走到他们面前并且向他们进行示范，甚至停下来督促他们去做，他们也仍然不会认真地做事。他们总是失业，得到的也只是他们应得的藐视。

我们必须认真地审视自己，包括我们的工作动机、工作态度、工作热情、工作能力和工作质量，想清楚我们属于以上哪一种人呢？态度决定着一切，当然也包括我们的前途甚至是这一生的人生旅途。那么我们应该怎样去做呢？

第一，对待自己份内的工作要刻苦要勤奋。我们要明白的是每当你遇到困难的时候，可以找知心朋友倾诉你的苦恼，但实际上这是解决不了任何问题的。

无论什么事情都是要靠自己的力量来解决。所以平时的勤奋与刻苦就是在危难时刻帮助你渡过难关的最得力的助手。一些年轻人刚开始工作的时候，总是对自己有过高的期望，认为自己一开始工作就应该得到重用，就应该得到相当丰厚的报酬。他们在工资上互相攀比，似乎工资成了他们衡量一切的标准。但事实上刚踏人社会的年轻人缺乏工作经验，是无法委以重任的。在他们看来，我为公司干活，公司付给我一份报酬，等价交换，仅此而已。他们看不到工资以外的东西，因此没有了信心，没有了热情，工作中总是采取一种应付的态度，他们只想对得起自己挣的工资，从未想过对得起自己的前途，对得起家人和朋友的期待。

之所以出现这种情况，原因在于对薪水缺乏更深入的认识和理解。其根本的原因是还不能真正地懂得为下之道。世界上是不存在无源之水的，没有牢固根基的树不可能茁壮成长。不懂得该怎样为老板们工作，那么也就说明你以后也不会真正懂得如何当老板。不要为薪水而工作，因为薪水只是工作的一种报偿方式，一个人如果只为薪水而工作，没有更高尚的目标，并不是一种好的人生选择。

事业成功人士的经验向我们揭示了这样的一个真理：只有经历艰难困苦，才能获得世界上最大的幸福，才能取得最大的成就；不经历风雨如何能看见彩虹，不经一番寒彻骨哪得梅花扑鼻香呢？这个道理知道的人应该是很多的，但是能够真正懂得他的人，确实寥寥无几。大家都想在最短的时间里取得成功，但是成功也是一个量变到质变的过程，只有经过艰苦的奋斗，才能取得成功。

工作所能给予你的，要比你为他付出的更多。每一项工作中都包含着许多个人成长的机会，如果你将工作视为一种积极的学习经验，那么你所能得到的机会和经验会远远超过你的报酬所得。难道你不觉得你的能力比金钱重要得不只百倍、千倍吗？因为他永远不会遗失，永远是我们的财富。如果我们研究那些成功人士，就会发现，他们事业之所以能成功，有一种东西永远伴随着他，那就是能力，是能力帮助他们达到事业的顶峰，俯瞰人生。

如你不一心只是为薪水而工作，那么薪水也许会以出乎你意料的速度增长。自古以来无心插柳柳成荫的事不在少数。我们要相信大多数老板都是明智的，都希望吸引更多有才干的员工，并根据他们的才干给予使用。但是聪明的老板在鼓励员工时并不会说"好好干，我会给你加薪"，而是说"好好干吧，会有出息的"，或者是"好好干，会有更重要的工作等着你"。与重担相伴的自然是薪水的提高。

现在的放弃是为了未来的获得，不要看不起自己的工作，哪怕是一些人认为的最不起眼的工作。这个社会上的工作是没有什么富贵低贱的，大家之所以从事的工作不同是因为我们的分工不同。只有正确对待这个问题，我们的工作态度才能端正，才能正确对待自己。我们要将工作当成人生的乐趣，人一旦没有工作可以做，整天无所事事，虚度光阴，你的意志会在整日闲散中消失殆尽。让我们勤奋地工作吧，因为机会来自于苦干。

第二，对待事业要敬业。职业就是我们的使命，人来到这个世界上不仅是为了安逸享乐，更重要的是人存在的意义和价值，只有通过工作才能真正体现我们存在的价值。

没有职业的人，经济上就无法独立，每日的吃喝住用当然也只能依靠别人了，这样的人和寄生虫有什么区别呢？当然生存着也就没有什么意义了。

但是如果你有了职业情况就大不一样了，每天精力充沛地去上班，总是有所期待的。每当完成一项工作就会有无比的成就感，对生活的理解就会更加深刻了。因此你要是有了职业就要敬业，敬业表面上看起来是有益于公司，有益于老板的，但最终的受益者却是自己。当我们把敬业当成一种习惯和生活的一部分时，你就能从中学到更多的知识，积累更多的经验，就能在全身心投入工作的过程中找到乐趣。

实践证明，一个工作懒散，缺乏敬业精神的人，永远得不到尊重和提升。人们往往会尊重那些能力中等但尽职尽责的人，而不会尊重那些自以为自己天分极高，但是对工作却马马虎虎不负责任的人。对待工作我们要全心全意，尽职尽责。在商业中有一个信条："如果你能真正制好一枚别针，应该比你制造出粗陋的蒸汽机赚到的钱更多。"所以我们看到当今所有能做大做强的企业，无不是以诚信为基础的。

不要只是满足于现状，不要觉得完成工作的质量还过得去就可以了，你要力求更好。只有对自己严格要求的员工才能用最短的时间在新的工作单位中站住脚跟，才能成为老板最得力的左膀右臂。

超越平庸，选择完美，停滞不前就是退步，工作也正如逆水行舟不进则退。你若只是满足于现状，那么你很快就会被淘汰出局。

所以，在工作中我们要表现出自动自发的精神。老板不在身边却更加卖力工作的人，将会获得更多赞赏，还可能会有许多意外的收获。

如果只有在别人注意的时候才有好的表现，那么你永远无法达到成功的顶峰。最严格的标准应该是自己设定的，而不是由别人要求的。如果你对自己的期望比老板对你的期望更高，那么你就无需担心会不会失去工作。同样，如果你能达到自己设定的最高标准，那么你的运气就指日可待了。

我们经常会发现，那些被认为已经功成名就的人，其实在功成名就之前，早已默默无闻地努力工作了很长一段时间。成功是一种努力的积累，不论何种行业，想攀上顶峰，通常都需要经过漫长的实践努力和精心的规划。

第四章

正视差不多的能力，你要再提高

　　领导是十分需要专家型下属的。因为领导不可能样样精通，要做好工作，他必须依赖这样的下属来保持组织的正常运转。没有专家型人才尽职尽责、严谨踏实的工作，领导便立刻成了一个毫无用处的人。因此，如果你能精通业务，成为一个专家型人才，你就会成为公司不可或缺的人才，在职场上永远拥有立足之地。

领导离不开专家型员工

　　一个领导的身边常聚集着各种各样的人，他们有着不同的才干，可以帮助领导达到不同的目的。这其中，有庸才，有奴才，有专才，有干才，但无论如何，一个领导欲完成自己的基本职责和任务，是离不开专家型人才的。

　　随着社会的发展，分工的细化，专家型人才愈来愈多地介入到社会生活的各个领域，在一些新兴工业化国家，政治精英们高呼"专家治国"，在西方社会里，学者们则惊于"技术统治时代"的来临。在我们的机关单位里，我们也会很明显地感受到，随着高新技术的推广，如计算机的引入，以及专业化管理技术的应用，如全面质量管理的引入，更多的有着特殊专业才能的人开始走上工作岗位。因此，这些人如何与领导相处便是一个十分重要又必需解决的问题。

　　领导是十分需要专家型人才的。因为领导不可能样样精通，要做好工作，他必须依赖这样的下属来保持组织的正常运转。一个主抓各个职能部门的领导是不必也不可能知道一座大楼是如何盖起来的，可能也不会清楚邮电部门的数字程控交换机是以怎样的原理工作的，他只要这些部门首长的汇报、建议、请示，然后提出任务，交由这些职能部门去完成。领导确定目标，但具体落实却是非靠专家不可的。没有专家型人才尽职尽责、严谨踏实的工作，领导便立刻成了一个毫无用处的人。

我们国家的人事制度，一向是有着专家治理的传统的，许多领导都曾经是单位上的业务骨干。在计划经济体制下，许多从事管理职能的领导，都有着丰富的生产知识，对基层的各种业务都有着比较详尽、透彻的了解。在我国目前的政党机关里，特别是在职能部门中，专家型的领导就更是不少。由于有着共同的专业基础、心理特质，这些领导也特别喜欢任用专家型的下属。他们深知，这才是干好工作的关键。而对于那些没有专才，只会清谈的人则是十分厌恶。

因此，对于专家型的下属来说，其最大的资本就是精通业务。高深的专业知识和技能，具有很强的排他性，他不但不容易为其他人所代替，而且，对于领导来说，是不可或缺的。

许多学者认为，权力并不是存于领导一人手上，而是分散在各行各业的专业人才手上。这些专家型人才在他自己的专业范围内，对于属于他专业知识范围内的问题所提的意见，必定具有权威性，这种权威性足以发挥较大的影响力，受到各方面的尊重，连领导也必须放下架子，表示谦虚，洗耳恭听。这样，这些专家型人才就拥有了相当大的影响领导的能力，成为事实上的领导。其实，这种现象何尝不是发生在我们的工作单位里呢？

还有一位叫做莫舍的美国行政学研究者认为，美国的政府"在很多方面而今是在专家们（包括科学家们）的掌握之中。"并且，"在文官法律的广泛领域之内，专业精华通常对于决定人事政策、标准和规章等问题具有最有影响的发言权。"

说了这么一大堆，归结起来，无非就是一句话：专家型人才一定要认识到，业务可以给自己带来影响力，因此你应该利用这一有利条件，提高自己在领导心目中的地位，成为领导的心腹和助手。

用知识来武装自己的头脑

古人云："千里之行始于足下"，做学问、搞实践，一切都必须从基础做起。从起跑线出发，打好了基础，才能更深入地学习。要成一个专家型人才，优秀员工要学会用知识经验武装自己，不断学习。

要学习了解公司制度、企业文化，在我们的日常工作中，就可以学习到很重要的东西。有位秘书在一家公司实习，她通过接收各种文件，学习各种公文的写作格式，使自己在学校中学习的公文写作理论知识得到实实在在的"考核"，以后都不用再为公文写作而苦恼。而且通过这些公文的内容，她了解公司的第一手材料，更迅速地了解了公司。通过自己经手的各种文件，可以了解公司的宏观概况。重大举措和发展动态等问题。这样使那些对公司介绍的生硬的文字鲜活、丰润起来。她经过学习，很快适应了那家公司的工作，公司的老板对她很赏识，认为她是个有潜力的年轻人。

即使在我们与同事之间的相处中，也可以学到东西，那是在书本上学不到的。例如，做人要讲诚信，重道义，严己宽人，谦逊求实，不能浮躁和夜郎自大。从同事身上学会为人处世之道，学会语言行为艺术，可以让自己做起事来挥洒自如、游刃有余。

不管你有多能干，你曾经把工作完成得多么出色，如果你一味沉溺在对昔日表现的自满当中，"学习"便会受到阻碍。要是没有终生学习的心态，不断追寻各个领域的新知识以及不断开发自己的创造力，你终将丧失自己的生存能力。因为，现在的职场对于缺乏学习意愿的员工很是无情。员工一旦拒绝学习，就会迅速贬值，所谓"不进则退"。转眼之间就被抛在后面，被时代淘汰。

有个年轻人在河边钓鱼，他看很多人都在这里钓，觉得这里应该是有很多鱼才对。在他旁边坐着一位老人，也在钓鱼，二人相距并不远。这个年轻人钓了半天，奇怪的是一条鱼也没有钓上来。而那个老人却不停地有鱼上钩。一天下来，年轻人都没有收获。

天黑了，那位老人要走了，这个年轻人终于沉不住气，问他："我们两人的钓具是一样的，钓饵也都是蚯蚓，选择的地方也不远，可为何你钓到了这么多条鱼，我却一无所获呢？"老人笑笑，"年轻人，这你就要多学学了，我钓鱼的时候，只知道有我，不知道有鱼；我不但手不动，眼不眨，连心也似平静得没有跳动，这样鱼就不会感到我的存在，所以，他们咬我的钩；而你呢，在钓鱼的时候，心浮气躁，心里只想着鱼赶快吃你的饵，眼死盯着鱼漂，稍有晃动，就起钩。鱼不让你吓走才怪，又怎会钓到鱼呢？"

这位年轻人知道了自己的不足，第二天钓鱼的时候就尽力稳住自己的情绪，这样果然大有斩获，虽然还是没有那个老人钓的鱼多，但比起第一天来实在可以说是大丰收了。

优秀员工要学会学习，虚心地向自己身边的有才能之士学习，一个人知道了自己的短处，才能改进自己，才能胜券在握。每个人身上，都有值得你学习的地方。

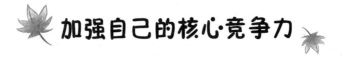

加强自己的核心竞争力

在未来激烈的市场竞争中，一个人想要立于不败之地，就必须让自己在所从事的领域里拥有核心竞争力，做到没有人能超越你，成为一个真正的专家，并且不断找准发展方向，走在发展的最前沿，能为企业和公司正确解决问题的人，能为企业和公司带来效益的人。

能力出众，并不一定是在所有方面都能出众，但至少在某一方面能做得比别人更好，用现在流行的话来说，就是拥有一项核心竞争力。

最近几年，"核心竞争力"成为大家经常谈论的热点概念，企业管理者强调企业要有自己的核心竞争力；企业员工也认为拥有核心竞争力才是生存的本钱。一时间，核心竞争力成为了焦点中的焦点。竞争力是成功的原因，核心竞争力则是持续成功的原因。

是什么使起点相同的两个人在几年后个人竞争力差别巨大？一个人可能已经作为公司的骨干，承担了很重要的工作，而另一个人还在碌碌无为呢？是什么使某些人在事业上裹足不前而竞争对手却看起来一帆风顺呢？为什么你薪酬不如别人多？为什么这次提拔的人不是你？对于这些问题，不同的人会有不同的回答，"他是名牌大学毕业的，学历也比我高""他与老板的私人关系好，他很会博得老板的欢心"等等，这些都是我们经常会听到的回答。确实造成这种结果的原因很复杂，包括个人的机遇、个人的性格因素等，但是这些都不是决定性的因素。

真正决定一个人是否能取得成功的最关键因素就是"核心竞争力"。尽管我们的社会和企业中还存在许多不规范的方面，但随着社会的进步和企业对管理的理解逐渐深入和制度的逐渐规范，决定员工成功的因素越来越回归到个人的素质、工作能力等因素。无论是在什么样的公司，无论你从事何种类型的工作，能为企业和公司正确解决问题的人，能为企业和公司带来效益的人，一定会得到企业和公司的重用，成为老板心中的优秀员工。

这样看来，决定个人职业生涯成败的因素越来越归结于个人的竞争力。竞争力，其实就是工作能力，仅仅具有能力还是不够的，还要看你的能力是否珍贵。如果你的某种能力，其他人也都具备，那么显然你并不具有竞争优势；而如果你所掌握的某种能力，大家都不具有但却是公司所必需的，那么显然你是具有绝对竞争优势的。这种能力就是一个员工的核心竞争力，某种能力被越少的人掌握，其竞争力就越强。

在这个世界上，每个人都是独一无二的。人各有长，人各有短。我们也没有必要去要求自己和别人一样，如果大家所掌握的知识都是一样的，那么这个世界就会处于停滞状态。同时我们也没有必要要求自己在所有领域都能精通，事实上个人精力的有限也决定了这是不可能的。真正聪明的人，会根据自身的特点，挖掘自己身上具有而别人不具有或者很少有人具有的能力。独一无二的人往往就是最成功的人，那些所谓天才就是把自己的某种独特性甚至是某种缺点发挥到极致的人。

寻找核心竞争力，在某种程度上说就是寻找差异，寻找自己身上与别人不同的地方，寻找自己身上的个性。美国MTT多媒体实验室主任尼葛洛庞蒂说："我们在招人时，如果有人大学毕业时考试成绩全部是A，我对他不感兴趣；如果有人在大学考试中有很多A，但也有两三个D，我们才感兴趣。因为往往在大学里表现得很好的学生，与我们一起工作时，表现得并不那么好。我们就是要找个性与众不同，在大学学习时并不是很用功的那些人。这些人往往很有创造性，对事物很警觉，反应非常机敏。人才更多的是一种心态，是指与传统思维完全不一样的那种人。真正的人才不是看他学了多少知识，而是看他能不能承担风险，不循规蹈矩地做事情。"

个性、不循规蹈矩地做事情、不羁的创造力是我们这个时代所缺乏和需要的。然而对大多数人来说，更为重要的是专业能力。如今，大学校园里外语和计算机已经成了大家最为重视的事情，学生们都以为拥有了优秀的外语和计算机水平就能找到一份好工作，许多人因此把大量的时间花费在了外语和计算机上面，却荒废了专业课的学习。其实，这完全是一种盲目的冲动。现在的企业最需要的不是懂外语和会计算机的，这仅仅是基本的职业技能，企业最需要的还是优秀的专业能力。你要想让你的老板真正地感悟到你是人才，还应该在你的专业技能上下功夫。切记，你的智慧，尤其是专业技术的水准高低，在企业选择员工的价值天平上，远胜于你的外语和计算机能力。

核心竞争力，并不一定是那些非常高端的技术和能力，任何一项能力，任何一种品德，都可以成为核心竞争力，关键是你要在这方面做得非常出色。正所谓"三百六十行，行行出状元"。

一种情感、一种精神、一种品质、一种能力，都可以成为优秀员工的核心竞争力，只要是和竞争对手相比，你所具有的就是其中最好的。

让自己成为不可或缺的人

在职业生涯中，要想成功就要让自己成为一个不可或缺的人。尤其是从 2009 年的金融危机以来，就业机会金子一样珍贵，我们该如何保住自己的饭碗，受到领导的重用呢？是的，我们要做的就是努力成为那个不可或缺的人。

因为，公司里，老板宠爱的都是些立即可用，并且能带来附加价值的员工。很多管理专家指出，老板在加薪或提拔时，往往不是因为你本份工作做得好，也不是因你过去的成就，而是觉得你对他的未来有所帮助。身为员工，应常扪心自问：如果公司解雇你，有没有损失？你的价值、潜力是否大到老板舍不得放弃的程度？一句话，要靠自己的打拼成为公司不可缺少的人，这至关重要。

一个优秀的员工无论做什么，都可能是在为将来做伏笔。用锻炼自己成长的积极心态，对待自己正在做的事情。每做一件事情，就多一点个人资源，水滴石穿地累积起来，就是个人的财富，没有谁能够掠夺。当你成为职场中个人矿藏最富的那个人，没有什么可担心的了。这个时候，你就是那个不可或缺的人，离优秀员工就不远了。

 # 时时刻刻都要努力追求进步

一个具有核心竞争力的人，他时时刻刻追求进步，以便让自己的核心竞争力更为突出。

进步，通过学习可以得到。学习，应是人终生的伴侣。一个人成就有大小，水平有高低，决定这一切的因素很多，但最根本的还是学习。正确地利用空余时间进行学习是卓越品质的表现。历史上的很多例子都说明，被用来学习的空余时间从很大意义上来讲，并没有空余。这些时间是节省出来的，是从睡眠、就餐和娱乐时间中节省出来了。

使人没有成就、陷入平庸的并不是能力不足，而是勤奋不够。在很多情况下，你的智力和头脑要胜过其他人，但你不思进取，恶习使你懒于思考。你把时间和金钱虚掷在饭店里、舞厅里、麻将桌上，到了迟暮之年，一辈子为人作嫁的束缚使你痛苦不堪，于是你就抱怨时运不济，机缘不好。

有句俗话说："人穷怪屋基。"其意是讽刺有问题不从自身找原因，而是一味归咎于客观原因的现象。

随时随地求进步是一种心态，必须自己用心去引导，才会像泉水般涌现出来。心理学家皮尔说："如果你觉得生活特别艰难，就要老老实实地自省一番，看看毛病在哪里。我们通常最容易把自己遭受的困难归咎给别人，或诡称是无法抗拒的力量。但事实上，你的问题并非你所不能控制，解决之道正是你自己。"如果一个人常常有消极或无能为力的感觉，就会使自己变得懒惰起来。这时，最能帮助你的就是你自己；改变心态，换一种积极上进的思想，自然会再度站立起来。

书籍多如耸立的高山，知识如广阔浩瀚的海洋。功成名就，好比攀登崇山峻岭，横渡浩瀚海洋，行程漫漫，困难重重，绝非短期之功可以毕其役。锲而舍之，朽木不折；锲而不舍，金石可镂。浪费光阴者，或者游游荡荡，或者无所事事，到头来一事无成，空空如也。与此相反，随时随地求进步者，认定一条适合自己发展的路，能排除妨碍走这条路的所有干扰，义无反顾地一路走下去，不到黄河心不死。世俗的阴风吹不倒你，新鲜的诱惑拿你无可奈何，你甚至甘愿寂寞，耐得经年寒窗。别人笑你痴，笑你傻，笑你呆，笑你不识时务，你都能一笑泯恩仇，甚至对付出你自己生命的巨大代价也在所不惜。如此，何事不成？何功不就？何名不著？

知识一天没有积累时，不是维持现状，而是在减少。所以，积累也不是一般概念的加法，当你的知识积累到一定程度，会爆发出一个个灵感来，这种灵感会使你一下子明白许多以前似懂非懂的东西，会使你悟出许多书本上没有学过的东西。这样，你的知识岂不是呈几何倍数地增长了吗？

做一个专家型的好员工

　　刘小姐大学一毕业就在一家外资企业做人事助理，工作出色，经常受到领导的夸奖。但是，从和领导的沟通中，她也了解到领导觉得她在理论上还需要努力一下。于是，聪明的刘小姐立即心领神会，在完成领导交代的任务的同时，还在业余时间里参加了人力资源管理的培训班。在不影响本职工作的前提下，她认真学习这方面的知识，几乎每堂课都能准时参加，每堂课都能够仔细地做笔记，还经常就疑难的地方请教培训教授，并在工作中灵活地运用所学的知识。终于功夫不负有心人，最近刘小姐升为人事专员，让周围的同事羡慕不已。

　　刘小姐的晋升成功很能说明一个问题，晋升不是不可能，关键看你懂不懂得方法，能不能切中晋升的要害。作为人事助理的刘小姐，职位上升空间很大。她能出色地完成领导交给的本职工作，为职业晋升打下了坚实的基础。如果不能很好地完成本职工作，是不可能在企业中生存下去的，又何谈发展？在这个基础上，刘小姐抽出宝贵的业余时间来参加和职业发展密切相关的培训，并能很好地消化所学的知识，做到学为所用。实际上无形中缩短了她的晋升之路。丰富的工作经验，优秀的业务技能，再加上相关的资质提升决定了她晋升的成功。在未来激烈的市场竞争中，一个人想要立于不败之地，就必须让自己在所从事的领域里做到没有人能超越你，做真正的专家，并且不断找准发展的方向，走在发展的最前沿。

许多人在企业坐稳"交椅"后，就安于现状，不思进取，或按部就班地等待升迁。切记，机会只垂青时刻追求的人。假若你是个普通秘书，切不可指望别人提拔你坐上总经理秘书的位置，而你应该大胆地去争取行政或人事助理的职位，拿符合自身能力的薪水。

承担的工作越多，风险越大，使你成为"他人所不能为"的人才，进而完成职级跳跃的可能性也越大。工作本身就是最好的进修，也会带来提升机会。

如果你对目前所从事的工作及职务相当满意，那你也必需迅速在岗位上作出与众不同的业绩，使他人无觊觎之心。这样才能把持高薪宝座而不致于轻易丢失。

如果你是搞销售的，就应考虑成为核心销售人员。如果手上掌握有不同领域和重量级客户名单，这将使你非常不易因公司业务收缩而被裁掉。即使你所服务的企业关门大吉，在重新就业时，你也可以很容易找到新的发挥销售专长的工作岗位。道理很浅显，在经济整体环境不景气的情况下，销售的重要性越发显得突出。如果你是技术人员，就应紧跟企业发展，提高业务能力。如果你所在的企业宣布进军电子商务，你要非常清楚这些将对你产生何种影响。现在，IT 业的裁员经常是一个部门整个因为业务调整而被端掉。要想坐稳你现在的位置，就必须未雨绸缪，事先察觉公司的战略变化，提高业务能力，使自己能够承担除现在本职工作以外的公司可能提供的机会。

每一个老板都希望自己的职员能非常熟悉和了解业务知识，这样才能确保开展工作时得心应手。因此，我们必须具有丰富的知识，才能完成领导交给你的工作。这些工作所需的知识与学校所学的书本知识有很大差异，他需要的是实践经验。另外，如果让老板感觉到你总是能完成更多、更重的任务，总是能很快掌握新的技能的话，相信你在他的心目中肯定会有一席之地。

 # 独立才能让你站稳脚跟

独当一面是一名员工在职场发展的必备素质。只有把自己的工作独立地处理得很好，让上司觉得在这方面少了你就不行，觉得你的存在并非可有可无，那样你的价值和地位才能得以巩固，才能在单位立足扎根。

下属工作有独立性才能让领导省心，领导才敢于委以重任。合适地提出独立的见解、做事能够独当一面、善于把同事和领导忽略的事情承担下来是一个好下属必备的素质。

每个单位的工作都可以看作一个整体和系统，这个整体和系统总体上由领导来把握，其中每一部分都要有具体的人分工负责，领导一般只是在宏观上控制和把握。这种分工的特点就要求下属要有独立性，能够独当一面，替领导处理一摊子问题。

事实上，领导从解决问题的角度讲也不可能事必躬亲，他的精力不允许他每件事情都操心过多，更何况有些尴尬的事情领导不便于出面，需要有那么一些下属做"马前卒"替领导挡驾。

工作有独立性，独当一面也是下属"生存"和发展的必备素质。

某个下属把一摊子事独立做得很好，比如在公关或理财方面干得出色，领导就会觉得在这方面离了你就不行，觉得你的存在并非可有可无，那样你的价值和地位才能得以巩固，才能在单位立足扎根。另一方面，一个人做下属可能只是一种"过渡"，在"过渡"时期积累工作经验和锻炼各种能力是很重要的，要想在未来顺利走上领导岗位，也需要有独当一面的能力。

然而，很多人在独立性方面表现相当差，一味地依靠领导，离开领导一事无成。在领导面前不敢发表自己的主张，唯唯诺诺，做事无主见，没有独创性，唯领导的命令是从。这样的下属领导并不喜欢，至少觉得靠不住，甚至认为有之不多、无之也不少。有些人连在工作中需要干什么、怎么干、干得怎样，一点也不清楚，凡事都向领导请示、向领导汇报，不仅不让领导省心，还给领导增添了不少麻烦，把领导搞得焦头烂额，结果把领导搞得很心烦。

因此，我们说工作有了独立性才能"吃得开"，才能在同事和领导心目中稳住脚跟。

充分锻炼工作的独立性

一般来说，锻炼我们的工作独立性应从以下几方面着手：

1. 要有独立的见解

独立的见解是一个人胆识、经验、能力和态度的综合反映，领导决策时很希望下属出谋划策，想出一些"点子"借他参考。当然，这些见解并不一定被采纳，但他至少可以启发领导的思路，帮助领导修正他的决策。只有这样，领导才能重视你。

阿尔巴顿·康是福特很赏识的建筑工程师，37岁时被福特委以重任，去设计建造海兰德公园工厂。阿尔巴顿·康对此早形成了大胆且独特的方案，他问福特："把工厂设计成长865英尺，宽75英尺，四方形的4层建筑，以钢筋混凝土为材料，可以吗？"

"好！"福特基于信任毫不犹豫地同意了这个建议。

"玻璃占建筑物外观总面积的75%？"阿尔巴顿·康接着问道。这个大胆的设想对一般人而言简直不可思议，福特却深懂其中的奥妙："玻璃面积大，厂房内采光效果好，对大规模作业非常有利。"像受到启发似的，福特兴冲冲地接着说："机械厂房设在另外一边，是一栋玻璃屋顶的一楼建筑总厂和机械厂房在天井中并有钢梁联通，上有吊车，制造完的引擎或变速器就可以利用天井中的吊车搬到总厂了。总厂4楼全楼面的天井也加装吊车，建造倾斜方式的生产流水作业台。"

阿尔巴顿·康心领神会，说："对极啦，成品可以由高向低自然滑下，人可以不动，只要产品移动就行了。"

"太好了！就照这样设计吧！"福特最后拍板，充满信任地把这个任务交给阿尔巴顿·康去办。

独立地见解需要用合适的方式发展，阿尔巴顿·康正是掌握好交谈的节奏，通过启发诱导并给福特以充分考虑的时间和空间，让自己的见解融入福特的意见，最终给福特的感觉是：这家伙的设想真大胆，受其启发我也竟想出这些好办法。

2. 能够独立地承担一些重量级任务

独当一面更多地体现在能干大事上，能够替领导承担一些棘手的问题是独立性的重要表现。

尼古拉就是林肯身边能够替林肯处理很多麻烦事的亲信。林肯当选总统后，经常派尼古拉到华盛顿以外的地方去执行极为重要的政治任务，如调解一场可能使纽约共和党发生内讧危险的关于授权问题的激烈争吵，或派到明尼苏达州去协助消弭一场印第安人的战争。在 1864 年重新确定总统候选人的共和党代表大会上，他是林肯的个人观察员。林肯当选总统后工作忙，不可能亲自翻阅报纸，为了关注报纸对总统的评论，只好依靠尼古拉严密注视报界动向，尼古拉便对重要消息作简短提要，这项工作直至今天仍是大多数政府的一项固定工作。

3. 把被同事忽略的事情承担下来

任何单位无论分工多么细致，也总有一些不起眼的地方被大家忽视，有心的下属往往注意在细微处下功夫，独立地把这类工作承担下来。在领导眼里，这些做法属于填补空白、弥补疏漏的行为，说明你比其他人心更细、心眼更多一点、考虑更周全些。

某单位订阅了《领导参阅》杂志，大家看完后便扔进放在墙角随时准备扔掉的纸袋里，谁也没想到日后还有用。同事李琳琳觉得这么重要的资料扔掉很可惜，就一期一期地收集大家扔掉的《领导参阅》。

年末，一位副书记忽然想起要看这份资料，大家忙得焦头烂额慌了手脚，此时，李琳琳笑眯眯地把自己苦心收集了一整年的《领导参阅》呈给副书记，副书记很吃惊又很欣赏地表扬了这个"别有用心"的细心人，要求大家不要光知道做面上的事，更要注意工作中易被忽视的问题。

第五章

审视差不多的责任，你要多承担

　　现在的企业中，每个人都承受着巨大的压力，同事间的竞争、工作方面的要求，以及一些生活琐事，无时无刻不在冲击着我们。若没有热忱做支撑，你很快就会在这种重压下倒下来。反过来，热忱充满你的内心，让热忱做你"内心的神"，那么你将成为"职场上的神"，成为企业的优秀员工。

 工作的灵魂是热忱

热忱是工作的灵魂，甚至就是生活本身。年轻人如果不能从每天的工作中找到乐趣，仅仅是因为要生存才不得不从事工作，仅仅是为了生存才不得不完成职责，这样的人注定是要失败的。

我们都欣赏满腔热情工作的人。热忱可以通过分享来复制，而不影响原有的程度，他是一种分给别人之后反而会增加利润的资产。你付出的越多，得到的也会越多。生命中最巨大的奖励并不是来自财富的积累，而是由热忱带来的精神上的满足。

当你兴致勃勃地工作，并努力使自己的老板和顾客满意时，你所获得的利益就会增加。在你的言行中加入热忱吧！热忱是一种神奇的要素，吸引并且影响着人们，同时他也是成功的基石。

诚实、能干、友善、忠于职守、淳朴——所有这些特征，对准备在事业上有所作为的年轻人来说，都是不可缺少的，但是更不可或缺的是热忱。

发明家、艺术家、音乐家、诗人、作家、英雄、人类文明的先行者、大企业的创造者——无论他们来自什么种族、什么地区，无论在什么时代——那些引导着人类从野蛮社会走向文明的人们，无不是充满热忱的人。

如果你不能使自己的全部身心都投入到工作中去，你无论做什么

工作，都可能沦为平庸之辈。你无法在人类历史上留下任何印记；做事马马虎虎，只有在平平淡淡中了却此生。如果是这样，你的人生结局将和千百万的平庸之辈一样。

热忱是工作的灵魂，甚至就是生活本身。年轻人如果不能从每天的工作中找到乐趣，仅仅是因为要生存才不得不从事工作，仅仅是为了生存才不得不完成职责，这样的人注定是要失败的。当年轻人以这种状态来工作时，他们一定犯了某种错误，或者错误地选择了人生的奋斗目标，使他们在天性所不适合的职业上艰难跋涉，白白地浪费着精力。

他们需要某种内在力量的觉醒，应当被告知，这个世界需要他们做最好的工作，我们应当根据自己的兴趣把各自的才智发挥出来，把各人的能力，增至原来的 10 倍、20 倍、100 倍。

从来没有什么时候像今天这样，给满腔热情的年轻人提供了如此多的机会！这是一个年轻人的时代，世界让年轻人成为真与美的阐释者。大自然的秘密，就要由那些准备把生命奉献给工作的人、那些热情洋溢地生活的人来揭开。各种新兴的事物，等待着那些热忱而且有耐心的人去开发。各行各业，人类活动的每一个领域，都在呼唤着满怀热忱的工作者。

热忱是战胜所有困难的强大力量，使你保持清醒，使你全身所有的神经都处于兴奋状态，去进行你内心渴望的事；不能容忍任何有碍于实现既定目标的干扰。

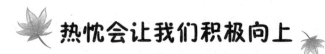热忱会让我们积极向上

　　著名音乐家亨德尔年幼时，家人不准他去碰乐器，不让他去上学，哪怕是学习一个音符。但这一切又有什么用呢？他在半夜里悄悄地跑到秘密的阁楼里去弹钢琴。莫扎特孩提时，成天要做大量的苦工，但是到了晚上他就偷偷地去教堂聆听风琴演奏，将他的全部身心都融化在音乐之中。巴赫年幼时只能在月光底下抄写学习的东西，连点一支蜡烛的要求也被蛮横地拒绝了。当那些手抄的资料被没收后，他依然没有灰心丧气。同样地，皮鞭和责骂反而使儿童时代充满热忱的奥利·布尔更专注地投入到他的小提琴曲中去。

　　没有热忱，军队就不能打胜仗，雕塑就不会栩栩如生，音乐就不会如此动人，人类就没有驾驭自然的力量，给人们留下深刻印象的雄伟建筑就不会拔地而起，诗歌就不能打动人的心灵，这个世界上也就不会有慷慨无私的爱。

　　热忱使人们拔剑而出，为自由而战；热忱使大胆的樵夫举起斧头，开拓出人类文明的道路；热忱使弥尔顿和莎士比亚拿起了笔，记下他们燃烧着的思想。

　　"伟大的创造，"博伊尔说，"离开了热忱是无法做出的。这也正是一切伟大事物激励人心之处。离开了热忱，任何人都算不了什么；而有了热忱，任何人都不可以小觑。"

　　热忱，是所有伟大成就的取得过程中最具有活力的因素。他融

入到了每一项发明、每一幅书画、每一尊雕塑、每一首伟大的诗、每一部让世人惊叹的小说或文章当中。他是一种精神的力量。他只有在更高级的力量中才会生发出来。在那些为个人的感官享受所支配的人身上，你是不会发现这种热忱的。他的本质就是一种积极向上的力量。

最好的劳动成果总是由头脑聪明并具有工作热情的人完成的。在一家大公司里，那些吊儿郎当的老职员们嘲笑一位年轻的同事的工作热情，因为这个职位低下的年轻人做了许多自己职责范围以外的工作。然而不久他就被从所有的员工中挑选出来，当上了部门经理，进入了公司的管理层，令那些嘲笑他的人瞠目结舌。

成功与其说是取决于人的才能，不如说取决于人的热忱。这个世界为那些具有真正的使命感和自信心的人大开绿灯，到生命终结的时候，他们依然热情不减当年。无论出现什么困难，无论前途看起来是多么的暗淡，他们总是相信能够把心目中的理想图景变成现实。

热忱，使我们的决心更坚定；热忱，使我们的意志更坚强！他给思想以力量，促使我们立刻行动，直到把可能变成现实。不要畏惧热忱，如果有人愿意以半怜悯半轻视的语调把你称为狂热分子，那么就让他这么说吧。一件事情如果在你看来值得为他付出，如果那是对你的努力的一种挑战，那么，就把你能够发挥的全部热忱都投入到其中去吧，至于那些指手画脚的议论，则大可不必理会。笑到最后的人，才笑得最好。成就最多的，从来不是那些半途而废、冷嘲热讽、犹豫不决、胆小怕事的人。

就像美一样源源不断的热忱，使你永葆青春，让你的心中永远充满阳光。记得有位伟人如此警告说："请用你的所有，换取对这个世界的理解。"而我们要这样说："请用你的所有，换取满腔的热情。"

 ## 在最佳的精神状态下工作

你可以没有经验，但不可以没有激情。微软的招聘官员说："我们愿意招的微软人，首先应是一个非常有激情的人，即对公司有激情、对技术有激情、对工作有激情。"

以最佳的精神状态工作，不但可以提升你的工作业绩，而且还可以给你带来许多意想不到的成果。而没有激情，世界上最先进、最快捷的工作方式和方法都会黯然失色，因为发挥不了他本来的作用，反而变得不如平凡的方式方法。可是，要长久地保持工作激情，谈何容易？所以，即使你的工作激情真的渐渐减弱，只要做到以下两点，也可以让老板感受到你激情依旧。

1. 远离拖延

虽然你最终完成了工作，但拖后腿和低效率使你显得还是不能胜任此项工作。对于你的延误，老板会认为是你缺少激情和兴趣。所以，一旦老板安排了你的工作或者你确定了自己的工作计划，你就必须马上付诸行动，认真地完成他。至于你有什么想法或懈怠的念头，大可以回到家倒在床上好好地发泄出来。

2. 远离沮丧

激情是你责任心和上进心的外在表现，这是任何老板都愿意看到的。同样的，老板也不可能指望一个随波逐流、沮丧的职员会取得什么不凡的业绩。当你觉得心情沮丧的时候，就有意识地让自己走路时昂首挺胸，与人交谈时面带微笑，工作时神情专注，穿着上多花点心思，如果是女性就化一个漂亮的淡妆……如此就能将你的沮丧很好地加以掩饰，也给老板、给同事、给自己带来积极的影响。

 # 热忱会让人创造奇迹

企业的成功关键在于优秀员工，而支撑员工不断成长的是内心的热情。成功总是偶然性与必然性的结合，而支撑在成功背后的却是成功者对事业持久追求的热忱。而这种热忱正是他们高出众人的独有的素质。

一个家境很不好的大学生，到一家叫"希尔电工"的公司做小员工。他很珍惜这次工作机会，对自己的公司也很热爱。他每次出差住旅馆的时候，总是在自己的姓名后面加上一个括号，写上"希尔电工"四个字，在平时的书信和收据上也这样写，天天如此，年年如此。"希尔电工"的签名一直伴随着他，他的这种做法引起了同事们的注意，于是就送了他一个"希尔电工"的绰号，而他的真名却渐渐被人们淡忘了。

公司总经理知道了这件事后，被年轻人努力宣扬公司声誉的行为深深地感动了。他特地邀请这个年轻人到咖啡馆，边喝咖啡边交流，不知不觉长谈到了深夜。公司总经理问他："你为什么这样推崇自己的公司？"

他说："公司是我们集体的家园，只有这个家园强盛了，我们这些人才能幸福。"后来，他逐步被提升为组长、部长、副总，直至成了"希尔电工"公司的总经理。"希尔电工"的成功你也许不服气，认为这种小事谁都能做。不错，在很多方面胜过他的人一定不在少数，但像他那样多少年如一日爱公司如爱自己家的人能有几个？像他那样把爱业、敬业、勤业的热忱化作一种有影响的企业精神的人能有几个？

当你以热忱之心全心全意致力于工作时，哪怕是最乏味的工作，你也会干得兴致勃勃，从中体味出劳动、奉献的快乐。而当你因嫌弃自己的工作，不愿干、不喜欢却又无可选择，不得不干时，情绪低落，怨气冲天，即使已尽到了职责，上司或老板也不会给你好评。因此，假如你已经干上你并不喜欢的工作，在暂时不可能变更的情况下，就要努力改变认识和态度，使自己爱上这一行，并尽全力干好这一行。而干好这一行则是为你以后的工作变动创立一个良好的前提，打下一个有利于你人生转折的坚实基础。

著名人寿保险推销员法兰克·派特正是凭借着热忱，创造了一个又一个奇迹。"当时我刚转入职业棒球界不久，遭到有生以来最大的打击，因为我被开除了。我的动作无力，因此球队的经理有意要我走人。他对我说：'你这样慢吞吞的，哪像是在球场混了20年。法兰克，离开这里之后，无论你到哪里做任何事，若不提起精神来，你将永远不会有出路。

"我参加了亚特兰斯克球队，月薪只有 25 美元，我做事当然没有热情，但我决心努力试一试。待了大约 10 天之后，一位名叫丁尼·密亭的老队员把我介绍到新凡去。在新凡的第一天，我的一生有了一个重大的转变。我想成为英格兰最具热情的球员，并且做到了。我一上场，就好像全身带电一样。我强力地击出高球，使接球的人双手都麻木了。记得有一次，我以强烈的气势冲入三垒，那位三垒手吓呆了，球漏接了，我就盗垒成功了。当时气温非常高，我在球场上奔来跑去，极有可能中暑而倒下去。

"这种热情所带来的结果让我吃惊，我的球技出乎意料地好。同时，由于我的热情，其他的队员也跟着热情高涨起来。由于对工作和事业的热情，我的月薪由 25 美元提高到 185 美元，多了 7 倍。在后来的两年里，我一直担任三垒手，薪水加到当初的 30 倍之多。为什么呢？就是因为一股热情，没有别的原因。"

后来由于手臂受伤，派特不得不放弃打棒球。他来到了菲特列人寿保险公司当保险员，但整整一年都没有成绩，他因此非常苦恼；后来他像当年打棒球一样，又对工作充满热情，很快他就成了人寿保险界的大红人。

由此可见，热忱对一个人的成功是多么的重要。现在的企业中，每个人都承受着巨大的压力，同事间的竞争、工作方面的要求，以及一些生活琐事，无时无刻不在冲击着我们。若没有热忱做支撑，你很快就会在这种重压下倒下来。反过来，热忱充满你的内心，让热忱做你"内心的神"，那么你将成为"职场上的神"，成为企业的优秀员工。

积极主动的态度非常重要

在工作中，保持积极主动往往是正确的态度。领导不希望看见自己的员工消极堕落，因为消极的态度会扼杀在工作中的创造性，降低工作效率。相反，领导非常欣赏那些工作主动积极的人，因为这些会发挥自己的创造性，大大提高工作效率，给公司或单位带来好的效益。这样的人，必将会成为公司不可或缺的优秀员工。

身处职场，想比别人更成功更出色吗？办法只有一个，那就是积极主动地工作。

但遗憾的是，很多员工的想法恰恰与此相反，他们认为公司是老板的，自己只是一个高级打工人员，归根到底还是在要死要活地替别人工作。很自然的，有这种想法的员工很容易成为"牙膏"式的员工，天天按部就班地工作，缺乏活力，除非老板推一下挤一下，他才动一动。有的甚至会出现逆向选择和道德风险。

那么老板们怎么看待这个问题呢？英特尔总裁安迪·葛洛夫应邀对加州大学伯克利分校毕业生发表演讲的时候，提出以下的建议："不管你在哪里工作，都别把自己当成员工——应该把公司看作自己开的一样。"在任何公司里，你除了能要求自己以外，剩下的任何人或事都不是你所能控制的，你只有积极主动，用向上的心态去待人处事才可能创出自己的一片新天地。

在公司里，很多员工都认为只要准时上班，按时下班，不迟到、不早退就是完成工作了，就可以心安理得地去领工资了。其实，工作首先是一个态度问题，工作需要热情和行动，工作需要努力和勤奋，工作需要一种积极主动、自动自发的精神。自动自发地工作的员工，将获得工作所给予的更多的奖赏。

坦诚地说，很多在公司任职的人在这方面大多是茫然的。他们每天在茫然地上班、下班，到了固定日子领回自己的薪水，高兴一番或抱怨一番之后，仍然茫然地去上班、下班……他们从不思索关于工作的问题：什么是工作？工作是为什么？可以想象，这样的人，他们只是被动地应付工作，为工作而工作，他们不可能在工作中投入自己全部热情与智慧。他们只是机械地完成任务，而不是去创造性地、自动自发地工作。

他们没想到，他们固然是踩着时间的尾巴准时上下班的，可是，他们的工作很可能是死气沉沉的、被动的。当他们的工作依然被无意识所支配的时候，很难说他们对工作的热情、智慧、信仰、创造力被最大限度地激发出来了，也很难说他们的工作是卓有成效的。他们只不过是在"过日子"或者"混日子"罢了！

其实，工作是一个包涵了诸多智慧、热情、信仰、想象和创造力的词汇。卓有成效和积极主动的人，他们总是在工作中付出双倍甚至更多的智慧、热情、信仰、想象和创造力，而失败者和消极被动的人，却将这些深深地埋藏起来，他们有的只是逃避、指责和抱怨。

应该明白，那些每天早出晚归的人不一定是认真工作的人，那些每天忙忙碌碌的人不一定是优秀地完成了工作的人，那些每天按时打卡、准时出现在办公室的人不一定是尽职尽责的人。对他们来说，每天的工作可能是一种负担、一种逃避，他们并没有做到工作所要求的那么多、那么好。对每一个企业和老板而言，他们需要的绝不是那种仅仅遵守纪律、循规蹈矩，却缺乏热情和责任感，不能够积极主动、自动自发工作的员工。

员工应该学会控制自己的态度。影响你的态度的，不是老板，不是工作；不是父母，也不是失败，而是你自己，你怎么想，怎么反应，全看你自己。

在生命的任何时刻，你的态度都是由自己安排决定的。你可以让他帮助你，也可以让他破坏你。态度本身无所谓是非，他只是通往结果的方式。不管你的目标是什么，你的态度决定了你的方向。不论这些目标是积极的或消极的、正确的或错误的、能够提升自己或将导致自我毁灭，态度都由你自己决定，就像电脑依据输入的程式印出文字或表格一样。

即使在万事不顺遂的时候，只要思想积极，依然能够渡过难关，在解决问题或情况改变之前，保持充沛的精力，将使你不致陷入泥沼，反而能够屡仆屡起。

工作不是一个关于干什么事和得多少报酬的问题，而是一个关于生命的问题。工作就是自动自发，工作就是付出努力。正是为了成就什么或获得什么，我们才专注于什么，并在那方面付出精力。从这个本质的方面说，工作不是我们为了谋生才去做的事，而是我们用生命去做的事！

成功取决于态度，成功也是一个长期努力积累的过程，没有谁是一夜成名的。所谓的主动，指的是随时准备把握机会，展现超出他人要求的工作表现，以及拥有"为完成任务，必要时不惜打破常规"的智慧和判断力。知道自己工作的意义和责任，并永远保持这一种自动自发的工作态度，为自己的行为负责，是那些成就大业之人和凡事得过且过之人的根本区别。

明白这个道理，并以这样的眼光来审视我们的工作，工作就不再成为一种负担，即使是最平凡的工作也会变得意义非凡。在各种各样的工作中，当我们发现那些需要做的事情，哪怕并不是份内事的时候，也就意味着我们发现了超越他人的机会。因为这自动自发地工作的背后，需要你付出的是比别人多的热情、智慧、创造力和想象力。

积极主动并不是埋头苦干

虽然积极主动的工作态度不完全是为了讨好和迎合老板们的喜好。但我们也不应该在公司里只知道埋头苦干，而完全不顾及我们的努力老板是否看到。某种程度上说，花点心思让老板认可你的这种积极主动的态度，要远比你把所有心思都用在如何努力工作上所给你带来的益处要多的多。

是的，让老板知道你在做什么，正在以什么样的心情工作，这显然是一种明智的举动。一个优秀的员工聪明之处，一是体现在工作上的出类拔萃，再就是体现在他是如何巧妙地让领导或老板知道他为公司作出了哪些突出的贡献，更精明的员工则能揣度老板的心思，了解老板的好恶，同时尽可能地把自己的优点和可取之处通过各种方法表现给老板或让老板知道。从而在老板的心中树立起良好的形象。

所以在日常工作中光是苦干蛮干是不行的，更要巧干。当然我所说的给老板留下好印象绝不是欺骗老板，如果你有这种心思，那么你一定会动起歪念头，精明的老板迟早也会发现你在有意欺骗他，这样的结果是十分不妙的。

　　员工和老板接触的机会是很少的，所以你应该把握住每次和老板接触的机会以展现自己，千万不要认为下次再行动。你不给老板一个好印象，而别人抓住了机会，使得他在老板心中的地位得以提高，那从某种程度上说，你在老板心中的地位就是下降了。所谓大家都在前进，唯独你原地不动，实际上就是在后退。

第 六 章

克服差不多的行动，你要速执行

　　没有行动就无法接近你真正的人生目标。但对大多数人来说，行动的死敌是犹豫不决，即碰到问题，总是不能当机立断，思前想后，从而失去最佳的机遇。

行动是实现目标的唯一手段

"快、快、快、为了生命加快步伐。"这句话常常出现在英国亨利八世统治时代的留言条上警示人们，旁边往往还附有一幅图画，上面是没有准时把信送到的信差在绞刑架上挣扎。当时还没有邮政事业，信件都是由政府派出的信差发送的，如果在路上延误要被处以绞刑。

在古老的、生活节奏缓慢的马车时代，用一个月的时间历经路途遥远而危险的跋涉才能走完的路程，我们现在只要几个小时就可以穿越。但即使在那样的年代，不必要的耽搁也是犯罪。文明社会的一大进步是对时间的准确测量和利用。我们现在一个小时可以完成的任务是 100 年前的人们 20 个小时的工作量。

成功有一对相貌平平的双亲——守时与精确。每个人的成功故事都取决于某个关键时刻，在这个时刻来临一旦犹豫不决或退缩不前，机遇就会失之交臂，再也不会重新出现。马萨诸塞州的州长安德鲁在 1861 年 3 月 3 日给林肯的信中写道："我们接到你们的宣言后，就马上开战，尽我们的所能，全力以赴。我们相信这样做是美国和美国人民的意愿，我们完全废弃了所有的繁文缛节。"1861 年 4 月 15 日那天是星期一，他在上午从华盛顿的军队那边收到电报，而第二个星期天上午 9 点钟他就作了这样的记录："所有要求从马萨诸塞出动的兵力已经驻扎在华盛顿与门罗要塞附近，或者正在去往保卫首都的路上。"

安德鲁州长说："我的第一个问题是采取什么行动，如果这个问题得到回答，第二个问题就是下一步该干什么。"

英国社会改革家乔治·罗斯金说："从根本上说，人生的整个青年阶段，是一个人个性成型、沉思默想和希望受到指引的阶段。青年阶段无时无刻不受到命运的摆布——某个时刻一旦过去，指定的工作就永远无法完成，或者说如果没有趁热打铁，某种任务也许永远都无法完工。"

拿破仑非常重视"黄金时间"，他知道，每场战役都有"关键时刻"，把握住这一时刻意味着战争的胜利，稍有犹豫就会导致灾难性的结局。拿破仑说，之所以能打败奥地利军队，是因为奥地利人不懂得五分钟的价值。据说，在滑铁卢企图击败拿破仑的战役中，那个性命攸关的上午，他自己和格鲁希因为晚了五分钟而惨遭失败。布吕歇尔按时到达，而格鲁希晚了一点。就因为这一小段时间，拿破仑就送到了圣赫勒拿岛上，从而使成千上万人的命运发生了改变。

有一句家喻户晓的俗语几乎可以成为很多人的格言警句，那就是：任何时候都可以做的事情往往永远都不会有时间去做。化公为私的非洲协会想派旅行家利亚德到非洲去，人们问他什么时候可以出发。他回答说："明天早上。"当有人问约翰·杰维斯，即后来著名的温莎公爵，他的船什么时候可以加入战斗，他回答说："现在。"科林·坎贝尔被任命为驻印军队的总指挥，在被问及什么时候可以派部队出发时，他毫不迟疑地说："明天。"

与其费尽心思地把今天可以完成的任务千方百计地拖到明天，还不如用这些精力把工作做完。而任务拖得越后就越难以完成，做事的态度就越是勉强。在心情愉快或热情高涨时可以完成的工作，被推迟几天或几个星期后，就会变成苦不堪言的负担。收到信件时没有马上回复，以后再拣起来回信就不那么容易了。许多大公司都有这样的制度：所有信件都必须当天回复。

当机立断常常可以避免做事情的乏味和无趣。拖延则通常意味着逃避，其结果往往就是不了了之。做事情就像春天播种一样，如果没有在适当的季节行动，以后就没有合适的时机了。无论夏天有多长，也无法使春天被耽搁的事情得以完成。某颗星的运转即使仅仅晚了一秒，它也会使整个宇宙陷入混乱，后果不可收拾。

"没有任何时刻像现在这样重要，"爱尔兰女作家玛丽亚·埃奇沃斯说，"不仅如此，没有现在这一刻，任何时间都不会存在。没有任何一种力量或能量不是在现在这一刻发挥着作用。如果一个人没有趁着热情高昂的时候采取果断的行动，以后他就再也没有实现这些愿望的可能了。所有的希望都会消磨，都会淹没在日常生活的琐碎忙碌中，或者会在懒散消沉中流逝。"

永远不要错过做事情的最佳时机，那就是现在。

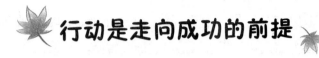

行动是走向成功的前提

有一位名叫西尔维亚的美国女孩，她的父亲是波士顿有名的整形外科医生，母亲在一家声誉很高的大学担任教授。她的家庭给她很大的帮助和支持，她完全有机会实现自己的理想。她从念中学的时候起，就一直梦寐以求地想当电视节目的主持人。她觉得自己具有这方面的才干，因为每当她和别人相处时，即使是生人也都愿意亲近她并和她长谈。她知道怎样从人家嘴里"掏出心里话"。她的朋友们称她是他们的"亲密的随身精神医生"。她自己常说："只要有人愿给我一次上电视的机会，我相信一定能成功。"

但是，她为达到这个理想而做了些什么呢？其实什么也没有。她在等待奇迹出现，希望一下子就当上电视节目的主持人。

西尔维亚不切实际地期待着，结果什么奇迹也没有出现。谁也不会请一个毫无经验的人去担任电视节目主持人。而且节目的主管也没有兴趣跑到外面去搜寻天才，都是别人去找他们。另一个名叫辛迪的女孩却实现了西尔维亚的理想，成了著名的电视节目主持人。辛迪之所以会成功，就是因为她知道，"天下没有免费的午餐"，一切成功都要靠自己的努力去争取。她不像西尔维亚那样有可靠的经济来源，所以没有白白地等待机会出现。她白天去做工，晚上在大学的舞台艺术系上夜校。毕业之后，她开始谋职，跑遍了洛杉矶每一个广播电台和电视台。但是，每个地方的经理对她的答复都差不多："不是已经有几年经验的人，我们不会雇佣的。"

但是，辛迪没有退缩，也没有等待机会，而是走出去寻找机会。她一连几个月仔细阅读广播电视方面的杂志，最后终于看到一则招聘广告：北达科他州有一家很小的电视台招聘一名预报天气的女孩子。

辛迪是加州人，不喜欢北方。但是，有没有阳光，是不是下雨都没有关系，她希望找到一份和电视有关的职业，干什么都行。她抓住这个工作机会，动身到北达科他州。

辛迪在那里工作了两年，最后在洛杉矶的电视台找到了一个工作。

又过了5年，她终于得到提升，成为她梦想已久的节目主持人。

为什么西尔维亚失败了，而辛迪却如愿以偿呢？西尔维亚那种失败者的思路和辛迪的成功者的观点正好背道而驰。分歧点就是：西尔维亚在10年当中，一直停留在幻想上，坐等机会；而辛迪则是采取行动，最后，终于实现了理想。

只要幻想不采取行动的人，永远不会成功。而行动是实现理想的唯一途径。

 # 勇敢的行动让你靠近成功

听说英国皇家学院公开张榜为大名鼎鼎的教授戴维选拔科研助手，年轻的装订工人法拉第激动不已，赶忙到选拔委员会报了名。但临近选拔考试的前一天，法拉第被意外通知，取消他的考试资格，因为他是一个普通工人。

法拉第愣了，他气愤地赶到选拔委员会，委员们傲慢地嘲笑说："没有办法，一个普通的装订工人想到皇家学院来，除非你能得到戴维教授的同意！"

法拉第犹豫了。如果不能见到戴维教授，自己就没办法参加选拔考试。但一个普通的工人要想见大名鼎鼎的皇家学院教授，他会理睬吗？

法拉第顾虑重重，但为了自己的人生梦想，他还是鼓足了勇气站到戴维教授的大门口。教授家的门紧闭着，法拉第在教授家门前徘徊了好久。终于，教授家的大门被一颗胆怯的心叩响了。

院子里没有声响，当法拉第准备第二次叩门的时候，门却"吱呀"一声开了。一位面色红润、须发皆白、精神矍铄的老者正注视着法拉第，"门没有闩，请你进来。"老者微笑着对法拉第说。

"教授家的大门整天不闩吗？"法拉第疑惑地问。

"干吗要闩上呢？"老者笑着说，"当你把别人闩在门外的时候，也就把自己闩在了屋里。我才不要当这样的傻瓜呢。"老者就是戴维教授。他将法拉第带到屋里坐下，聆听了这个年轻人的叙说和要求后，写了一张纸条递给法拉第："年轻人，你带着这张纸条去，告诉委员会的那帮人说戴维老头同意了。"

经过严格而激烈的选拔考试，书籍装订工法拉第出人意料地成了戴维教授的科研助手，走进了英国皇家学院那高贵而华美的大门。

成功的大门对每个人来说，都是永远敞开的。但是太多的人从它面前匆匆而过，因为怯懦的他们认为它是锁着的，开启它需要知识、经验、背景等等，但少数精英走过去才发现，成功需要的仅仅是勇敢的行动。

把计划分成几个部分

1984 年，在东京国际马拉松邀请赛中，名不见经传的日本选手山田本一出人意外地夺得了世界冠军。当记者问他凭什么取得如此惊人的成绩时，他说了这么一句话：凭智慧战胜对手。

当时许多人都认为这个偶然跑到前面的矮个子选手是在故弄玄虚。马拉松赛是体力和耐力的运动，只要身体素质好又有耐性就有望夺冠，爆发力和速度都还在其次，说用智慧取胜确实有点勉强。

两年后，意大利国际马拉松邀请赛在意大利北部城市米兰举行，山田本一代表日本参加比赛。这一次，他又获得了世界冠军。记者又请他谈谈经验。

山田本一性情木讷，不善言谈，回答的仍是上次那句话：用智慧战胜对手。这回记者在报纸上没再挖苦他，但对他所谓的智慧迷惑不解。

10年后，这个谜终于被解开了，他在他的自传中是这么说的："每次比赛之前，我都要乘车把比赛的线路仔细地看一遍，并把沿途比较醒目的标志画下来，比如第一个标志是银行；第二个标志是一棵大树；第三个标志是一座红房子……这样一直画到赛程的终点。比赛开始后，我就以百米的速度奋力地向第一个目标冲去，等到达第一个目标后，我又以同样的速度向第二个目标冲去。40多公里的赛程，就被我分解成这么几个小目标轻松地跑完了。起初，我并不懂这样的道理，我把我的目标定在40多公里外终点线上的那面旗帜上，结果我跑到十几公里时就疲惫不堪了，我被前面那段遥远的路程给吓倒了。"

分段实现大目标真可谓是经验之谈，这一思想甚至适应于所有的"行业"。

报纸上曾经报道一位拥有100万美元的富翁，原来却是一位乞丐。在我们心中难免怀疑：依靠人们施舍一分一毛的人，为何却拥有如此巨额的存款？事实上，这些存款当然并非凭空得来，而是由一点点小额存款累聚而成。一分到十元，到千元，到万元，到百万，就这么积聚而成。若想靠乞讨很快存满100万美元，那几乎是不可能的。

曾经有一位63岁的老人从纽约市步行到了佛罗里达州的迈阿密市。经过长途跋涉，克服了重重困难，她到达了迈阿密市。在那儿，有位记者采访了她。记者想知道，这路途中的艰难是否曾经吓倒过她？她是如何鼓起勇气，徒步旅行的？

老人答道："走一步路是不需要勇气的，我所做的就是这样。我先走了一步，接着再走一步，然后再一步，我就到了这里。"

是的，做任何事，只要你迈出了第一步，然后再一步步地走下去，你就会逐渐靠近你的目的地。如果你知道你的具体的目的地，而且向它迈出了第一步，你便走上了成功之路！

就像举重者练习举重之初，通常是先从他们举得动的重量开始，经过一段时间后，才慢慢增加重量。优良的拳击经理人，都是为他的拳师先安排较易对付的对手，而后逐渐地使他和较强的对手交锋。聪明的人为了要达成"主目标"，常会设定"次目标"，这样会比较容易完成"主目标"。许多人会因目标过于远大，或理想太过崇高而易于放弃，这是很可惜的。若设定"次目标"便可较快获得令人满意的成绩，能逐步完成"次目标"，心理上的压力也会随之减小，"主目标"总有一天也能完成。

行动起来，即使只完成了一个小目标，也离最终成功又近了一步。

勇于行动才能战胜困难

在事业上，必须勇于行动，一心奔赴目标，有不墨守成规的智慧和勇气，才会战胜困难，取得成功。

有这样一个关于亚历山大大帝的故事：

亚历山大大帝在进军亚细亚之前，决定破解一个著名的预言。这个预言说的是谁能够将朱庇特神庙的一串复杂的绳结打开，谁就能够成为亚细亚的帝王。在亚历山大大帝破解这个预言之前，这个绳结已经难倒了各个国家的智者和国王。由于这个绳结的神秘性，能否打开这个绳结关系到军队的士气。

亚历山大大帝仔细观察着这个结。果然是天衣无缝，找不着任何绳头。这时，他灵光一闪："为什么不用自己的行动来打开这个绳结呢？"

于是拔剑一挥，绳结一劈两半，这个保留了百年的难题就这样轻易地解决了。

亚历山大大帝勇于行动，一心奔赴目标，不墨守成规，显示了非常的智慧和勇气，注定了成就亚细亚王的伟业。

但丁在《神曲》里写下了一句千古名言：走自己的路，让别人去说吧！说的是作者但丁在古罗马著名诗人维吉尔的引导下，经历了九层地狱，正在朝着炼狱前行。突然有一个灵魂呼喊但丁，但丁回过头张望。

这时，维吉尔训斥道："你为什么要分散精力呢？为什么要放慢脚步呢？别人的窃窃私语与你有什么关系？走自己的路，让别人去说吧！

要像一座卓然挺立的大树，不因暴风雨而弯腰。"

行动吧！朝着目标，不要左顾右盼，不要犹豫不决，不要拖延观望。

人们往往因为道理讲多了，就顾虑重重，不敢决断，以致于错失良机，甚至坐以待毙都不在少数。

正是有了这么多的"思想上的巨人，行动上的矮子"，才有了那么多的自叹自怨的人。他们常常抱怨，自己的潜能没有挖掘出来，自己没有机会施展才华。他们甚至都知道如何去施展才华和挖掘潜能，只不过没有行动罢了。思想只是一种潜在的力量，是有待开发的宝藏，而只有行动才是开启力量和财富之门的钥匙。

让自己行动起来也是一种能力。这种能力的增长来源于不断地和借口做斗争。通过斗争，培养自己识别借口的能力和战胜借口的勇气。人们常用的借口有：太不好意思了；现在时机不到；恐怕太迟了；准备工作还没有做完；条件还不具备；恐怕会做砸；诸如此类。这些说法是借口，还是事实，这恐怕只有天知道。因为就算是同一件事情，在不同的人眼中也有不同的观念和判断。

但是，不完美的开始胜过完美的犹豫。许多事情你不采取行动，可能它就永远不会时机成熟或者条件具备。对于勇敢的人来说，没有条件，他也能够创造条件，他的行动永远是最好的时机和条件。因为行动本身就是在创造条件和机会。

世界上最珍贵的事物都是那些行动中的人创造的。

事情往往欲速则不达

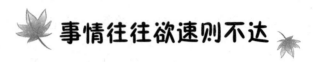

台湾作家郭泰所著的《智囊100》中讲了一个有趣的故事：

有个小孩在草地上发现了一个蛹。他捡回家，要看蛹如何羽化成蝴蝶。过了几天，蛹上出现了一道小裂缝，里面的蝴蝶挣扎了好几个小时，身体似乎被什么东西卡住了——一直出不来。小孩子不忍，心想："我必须助它一臂之力。"所以，他拿起剪刀把蛹剪开，帮助蝴蝶脱蛹而出。但是蝴蝶的身躯臃肿，翅膀干瘪，根本飞不起来。这只蝴蝶注定要拖着笨拙的身子与不能丰满的翅膀爬行一生，永远无法飞翔了。

这个故事说明了一个道理，每一个事物的成长都有个瓜熟蒂落、水到渠成的过程。这一过程也就是一步一个脚印的过程。

相反，欲速则不达。

远在半个世纪以前，美国洛杉机郊区有个没有见过世面的孩子，他才15岁，却拟了个题为《一生的志愿》的表格，表上列着："到尼罗河、亚马逊河和刚果河探险；登上珠穆朗玛峰、乞力马扎罗山和麦特荷恩山；驾驭大象、骆驼、驼鸟和野马；探访马可·波罗和亚历山大一世走过的路；主演一部'人猿泰山'那样的电影；驾驶飞行器起飞降落；读完莎士比亚、柏拉图和亚里士多德的著作；谱一部乐曲；写一本书；游览全世界的每一个国家，结婚生孩子；参观月球……"他把每一项都编了号，一共有127个目标。

当他把梦想庄严地写在纸上之后，他就开始循序渐进地实行。16 岁那年，他和父亲到佐治亚州的奥克费诺基大沼泽和佛罗里达州的埃弗洛莱兹探险。从这时起，他按计划逐个逐个地实现了自己的目标，49 岁时，他已经完成了 127 个目标中的 106 个。这个美国人叫约翰·戈达德。他获得了一个探险家所能享有的荣誉。前些年，他仍在不辞艰苦地努力实现包括游览长城（第 49 号）及参观月球（第 125 号）等目标。

在你的身后留下一串坚实的步伐吧。像阶梯一样攀登，总有一天你会发现自己是那走得最远的人！

而成功的机遇即在其中。

成功来自脚踏实地

美西战争爆发以后，美国必须立即跟西班牙的反抗军首领加西亚取得联系。加西亚将军掌握着西班牙军队的各种情报，可他却在古巴丛林茂密的山里，没有人知道确切的地点，所以无法联络。然而，美国总统又要尽快地获得他的合作。一名叫罗文的人被带到了总统面前，送信的任务就交给了这名年轻人。

一路上，罗文在牙买加遭遇过西班牙士兵的拦截，也在粗心大意的西属海军少尉眼皮底下溜过古巴海域，还在圣地亚哥参加了游击战，最后在巴亚莫河畔的瑞奥布伊把信交给了加西亚将军。罗文也因此被奉为英雄。

仔细研究你就会发现，罗文所做的事情一点也不需要高超的技巧，他只是按部就班地前进，也就是我们常说的"一步一个脚印"。这看起来很简单，他只是接受了上级交给的任务，然后就去做。也就是说，那只是他的一件普通的工作。

也许你会说，我每天也在尽到自己的职责，这不就是踏实吗？确实，每个人都会做却又不屑于做的动作和事情，它们贯穿于每天的工作，甚至你完成了这样的一个动作，自己都不记得。比如，你每天都会把文件送到上级手里，你会记得你是用怎样的动作送过去的吗？这也正像全世界都谈论"变化""创新"等等时髦的概念一样，"踏实"是每个人都能够做到的，可是你真正做到了新涵义的"踏实"了吗？

踏实地做事并不等于原地踏步、停滞不前。它需要的是有韧性而不失目标，时刻在前进，哪怕每一次仅仅是延长很短的、不为人所瞩目的距离。

看这样一个实验：给你一张足够大的纸，你所要做的是重复地对折，不停地对折。当你把这张纸对折了51次的时候，所达到的厚度有多少？一个冰箱那么厚或者两层楼那么厚，这大概是你所能想到的最大值了吧？然而通过计算机的计算，这个厚度竟接近于地球到太阳的距离。

没错，就是这样简简单单的动作，是不是让你感觉好似一个奇迹？为什么看似毫无分别的重复，会有这样惊人的结果呢？换句话说，这种貌似"突然"的成功，根基何在？

就像折纸一样，最后达到的高度与每一次加力是分不开的，任何一次偷懒都会降低你的厚度，所以动作虽然简单，却依然要一丝不苟地"踏实"去做。而且后一次所达到的厚度与前一次是分不开的，环环相扣的"踏实"可以达到惊人的效果。

也就是说，"突然"的成功大多来自这些前进量微小而又不间断的"脚踏实地"。

看过上述的内容，你是否已经理解到真正的踏实的含义了？也许你会说，踏实不就是按部就班，做好自己的本分工作吗？这也许是对的，但我们要讲得踏实，不代表让你放弃思考的权利。先看这么一个真实的故事。

大学时读经济管理专业的赵小姐来公司已经半年了，她的职位是经理助理，实际上更类似于一个打杂的。赵小姐每天面对的是形形色色的报表，而她只需要把这一摞报表复印、装订成册即可。在财务人员忙得不可开交时，她会去凑个手。

如果是你，面对这样凌乱而且不太可能有发展机会的工作，你是不是得过且过，然后寻找一个机会跳槽？我们来看一下赵小姐的做法。

在复印并装订报表的时候，她先仔细地过目各种报表的填写方法，逐步地用经济学的方法分析公司的开销，并结合公司的一些正在实施的项目，揣度公司的经济管理情况。工作到第八个月的时候，赵小姐书面汇报了公司内部一些不合理的经济策略，并提出相应的整改意见。现在的她，已经是公司的高层决策人了。

很显然，处理和分析日常琐碎事务体现了一个人的能动力。也就是说，在简单的动作中，要自主地发挥本身具有的内涵。你要能够在很凌乱的事情中保持冷静的分析和思考，这样你才会把自己所做的事升华为成功。否则，就算你再踏实，日复一日只是单纯的重复罢了。

现在，你应该能从更深层次理解到踏实的含义了吧，记住，不要忘记了思考。

首先就要付诸行动，困难都是在行动中得到解决的，而不是在犹豫中自动消失。

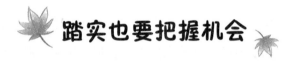

踏实也要把握机会

事实证明，只要你年轻聪明，只要你拥有志向，只要你渴望成功，你就应该踏实地工作。然而，在你踏实工作的时候，是否也在踏实地浪费掉属于你的机会？

很多人相信"机会只有一次"或是"只要我做到了，机会自然会来到"，因为他们看不到机会。这实在是一个让人恐惧的信念，然而，这个信念在一部分人的集体意识中是如此普遍，以致于足以变成一句陈词滥调。当他们这么做时，他们就好像是在告诉自己和全世界："我的创意岁月已经过去了。我的任务已完成了。我的人生已经活完了。"这简直是无稽之谈。

"踏实"不代表木讷的头脑和缺少竞争意识，相反，它对这些提出了更高的要求。在工作中，你需要不断地去发现机会，把握机会。基于此，你需要做到以下五点：

养成掌握和获取大量信息的习惯；

培养把握机遇的灵感；

进行科学的推理和准确的判断；

当断即断的决断力；

了解其他成功人士的成功经验。

踏实的人不是被动的人。在通往成功的道路上，每一次机会都会轻轻地敲你的门。不要等待机会去为你开门，因为门栓在你自己这一面。

机会也不会跑过来说"你好"，它只是告诉你"站起来，向前走"。

要善于发现机会。很多的机会好像蒙尘的珍珠，让人无法一眼看清它华丽珍贵的本质。踏实的人并不是一味等待的人。要学会为机会拭去障眼的灰尘。

踏实不等于单纯的恭顺忍让。没有一种机会可以让你看到未来的成败，人生的妙处也就在于此。不通过拼搏得到的成功就像一开始就知道真正凶手的悬案电影那样索然无味。将机会和自己的能力对比，合适的紧紧抓住，不合适的学会放弃。用明智的态度对待机会，也使用明智的态度对待人生。脱颖而出的"脚踏实地"关键在于找到合适的机会"秀"出你自己。

有些人将踏实理解为不犯错误，工作思前想后，如履薄冰，他们不会接近错误，更不敢承受风险。他们将错误视同挫败、被毁、死亡及歼灭。他们一心只求不犯错误，几乎完全忘记了他们想赢什么。不犯错误变成了一种胜利。你问这些人："你赢了什么？"他们说——往往还充满着自豪——"我也不晓得，可是至少我没犯错误。"一心只求不犯错误的人会变得僵化、没有弹性、独断专行。他们认定，"坚持"就能得到想要的。如果他们要的是不犯错误，往往就会不犯错误。但是，如果他们要的是赢，他们就必须要学会面对各种错误和挫折。

我们的工作肯定会碰到一些不可回避的事情，或许是个错误。每一次你都要鼓起勇气从最低处坚持着走出来，没有一次次的低谷，换不来更高处的清风扑面。你看见过倒地的大象吗？大象一向是以站立、行走或者奔跑的姿态示人的。但是它也会生病。这种时候，大象也要保持站立的姿态。为什么？大象的巨大体重决定了这一切。一旦它倒下来，巨大的内脏会互相挤压，再加上象体本身的重量，将会使自身受到更大的伤害。所以，除非到了生命的终结，大象是不会倒下的。请你也坚持正视错误，或许一秒钟之后，就会柳暗花明。

稳重不是护身符，不可能依靠它与错误绝缘。每个人都可以犯错误，但是要从错误中学习，而不是一味地摔跟头。并非跟头摔得越多，成长得越快。

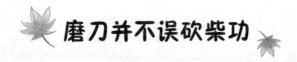

磨刀并不误砍柴功

别以为有执行力的人就只知废寝忘食、不知疲倦地辛苦工作。我们所说的有执行力的人是既善于工作也善于休息的人，因为踏实的人懂得"磨刀不误砍柴功"。先看下面的故事：

多年前有一位探险家，雇佣了一群当地土著作为向导及挑夫，在南美的丛林中找寻古印加帝国的遗迹。尽管背着笨重的行李，那群土著依旧健步如飞，长年四处征战的探险家也比不上他们的速度，每每喊着让前面的土著停下来等候一下。

探险的旅程就在这样的追赶中展开，虽然探险家总是落后，在时间的压力下，只能竭尽所能地跟着土著前进。到了第四天清晨，探险家一早醒来，立即催促着土著赶快打点行李上路，不料土著们却不为所动，令探险家十分恼怒。

后来与向导沟通之后，探险家终于了解了背后的原因。这群土著自古以来便流传着一项神秘的习俗，就是在旅途中他们总是拼命地往前冲，但每走上三天，便需要休息一天。向导说："那是为了让我们的灵魂，能够追得上我们赶了三天路的身体。"

凡事全力以赴，使身体发挥出让灵魂跟不上的冲劲，是做事时最用心、最完美的境界。但是，应该休息时，则要让疲惫的身心获得充足的复原机会。能掌握工作与休息之间的脉动，才是持续拥有无穷动力的宝贵智能。

有一位讲师在讲授压力管理的课程时拿起一杯水，然后问听众："各位认为这杯水有多重？"

听众有的说 20 克，有的说 500 克，讲师则说："这杯水的重量并不重要，重要的是你能拿多久？拿一分钟，各位一定觉得没问题，拿一个小时，可能觉得手酸，拿一天，可能得叫救护车了，其实这杯水的重量是一样的，但是你若拿得越久，就觉得越沉重，这就像我们承担着压力一样，如果我们一直把压力放在身上，不管时间长短，到最后就觉得压力越来越沉重而无法承担，我们必须做的是放下这杯水，休息一下后再拿起这杯水，如此我们才能拿得更久。所以，各位应该将承担的压力于一段时间后适时放下并好好地休息一下，然后再重新拿起来，如此才可承担长久。"

这就像在职场上一样，我们应该将工作上的压力于下班时放下，别带回家去，回家后应该好好休息，明天再拿起压力，如此我们就不会觉得压力的沉重了。

行动并不是让你真的永不停歇，而是该行动的时候毫不犹豫，该休息的时候也不耽搁，因为休息是为了更好的行动。

第七章

抓紧差不多的时间，你需要有效利用

成功人士并不是从他们的任务开始，而是从掌握时间开始，他们并不以计划为起点；认清他们的时间用在什么地方才是起点。

不要让你的时间抛弃了你

我们的时间就是我们的资本，别让你的时间抛弃了你。

"离开生活边境不很远的人们，不喜欢向前看，只顾向后看。

"年轻的一对，他们并不谈到过去。生活在他们前面不在后面，对于过去，他们何必考虑？他们的灵魂漫流到未来的边际。

"一堆大大小小的孩子们在一起……他们追赶着幸福的现在的蝴蝶，他们忘记了昨天，也不想明天。"

任何人想要成就一番事业，都不可能一蹴而就，必须踩时间的阶梯一级一级登攀。这是匈牙利诗人裴多菲在他的诗《冬天的晚上》中，对于不同年龄的人都对时间的价值有所忽略的生动描述。确实，人老了就会感到人生的道路快到尽头。因此，就更愿在回首自己的黄金时代中颐享天年。而中青年人，或因迷恋于享受生活的甜蜜，或因生活负担沉重，容易让时间漫流，韶华空度，混乱地支付和使用时间；至于人在少年，则因对时间的流逝感觉迟钝，因而嬉游笑闹，很少考虑时间的价值。所以前苏联作家格拉宁，在其名著《奇特的一生》中的最后一章里，深有感触地说："时间同矿藏、森林、湖泊一样，是全民的财产。人们可以合理地使用它，也可以把它毁掉。打发时间是很容易的：聊天、睡觉、徒劳地等待、追求时髦、喝酒，诸如此类，不一而足。迟早我们的学校会给孩子们开一门'时间利用课'。"

当前我们所处的时代，随着互联网的迅速发展，整个世界都已经进入了一个高度讲究效率的时代，时间的观念越来越强，时间的精确度越来越高，时间的效能关系到社会的进程。尤其是这几年，越来越多的人们向各种"管理时间的专家"请教，学习怎样安排处理他们繁重的工作，妥善利用他们的时间。越来越多的企业也派出自己的管理人员去学习各种管理时间的课程。可见时间和业余时间利用被人们重视的程度！

所以，在一个讲究效益和效率的社会，要求我们对自己的时间和生活掌控有更高的水平和能力，懂得如何成功进行自己的时间运筹，为我们的未来和成功打下一个坚实的基础。

 ## 掌控时间是成功的开始

我们总是在时间中成长，在时间中前进，在时间中创造各种机会，在时间中谱写自己的历史。我们取得的各种各样的成功，也必须经过时间来鉴定。时间，唯有时间，才能让我们的智力、想象力及知识转化为现实的成功。我们的才能想要得到充分的发挥，尽快踏上成功之路，若没有充分利用时间的能力，不能认识自己的时间，计划自己的时间性，管理自己的时间，那只会失败。

时间，就是成功者前进的阶梯。日本东京大学著名教授渡边茂提出过"三万天学习论"，他设定人生寿命为81岁，把生命分为"成长时代""活跃时代""充实时代"三个时期。每个时期27年，大约相当于一万天。从出生到27岁，这第一个一万天被称为"成长时代"，是人们成长，学习各种基础知识、锻炼自己适应社会能力的时代。从28岁到54岁，这第二个一万天称为"活跃时代"，是人们接受事业挑战，施展自己的知识和能力，在自己所从事的工作领域里展翅飞跃的时代。从55岁以后，这第三个一万天实称为"充实时代"，是人们思想、总结的阶段。人才也和一般人一样，从呱呱坠地到满头白发，都是踩着时间的阶梯前进的。

时间，是成功者的资本。坎农在《科学研究的艺术》一书中指出："一个研究人员可以居陋巷、吃粗饭、穿破衣，可以得不到社会的承认。但是只要他有时间，他就可以坚持致力于科学研究。一旦剥夺了他的自由时间，他就完全毁了，再也不能为知识作贡献了。"可见，获得时间资本对于成功者是多么重要，一旦损失又是多么令人惋惜。伟大物理学家牛顿在研究力学时，一场熊熊大火吞噬了他的财产，也烧毁了他数年辛勤研究的手稿。牛顿并不痛惜财产的损失，而是流着泪叹息道："可惜，时间呀！"

英国大哲学家培根说过："时间是衡量事业的标准。"时间是成功者胜利的筹码。射箭需要练一段时间才能准，画画需要多画一段时间才能精。成功要有个定向积累的过程，这是人才研究中的一个重要原理。世界上从来没有不要花费时间便唾手可得的成功，也没有一蹴而就的事业。大诗人歌德曾后悔地说："在许多不属于我本行的事业上浪费了太多的时间"，假如分清主次的话，"我就很可能把最珍贵的金刚石拿到手"。我们再假定，如果歌德活到六七十岁即去世，那他的伟大巨著《浮士德》肯定完成不了。

时间，是衡量成功者成就大小的标准。我们在赞叹成功者成就时，实际上是使用了时间这个尺度。伟人们有限的一生中，作出了超越常人的贡献，这就是他们伟大之所在。我们赞叹鲁迅的成功，常常想到他一生写了和翻译了 600 多万字著作。我们赞叹爱迪生伟大，也常离不开他一生有 1000 多项科学发明。

　　时间，是鉴定成功者成就的最伟大的权威。俄国文艺批评家别林斯基说："在所有批评家中，最伟大、最正确、最天才的是时间。"人类的一切成果，都将接受时间的批评，都将接受时间的鉴定。正因为这样，古往今来凡有远见卓识的人，都十分重视让认识去接受时间的考验。法国化学家拉瓦锡在谈到他的化学理论时说："我不期望我的观点立刻被人接受。因为只有时间的流逝才会肯定或否定我提出的见解。"法国另一个化学家巴斯德，因考察生命起源而被人们骂为骗子和小丑时，坦然地对妻子说："一个科学家应该想到的，不是当时人们对他的辱骂或表扬，而是未来若干世纪中人们将如何讲到他。"

　　当代，随着现代科学技术特别是电脑和互联网的普及所引起的信息革命，使时间产生了增值效应，正以几何级数成倍增长，能否有效地运用时间，提高时间管理的艺术，成为决定成就大小的关键因素。由于现代信息的增加，知识陈旧周期缩短，使成才越来越带有不固定性。在这种情况下，如果满足自己已有的成就，不善于掌控自己的时间和生活，就可能从昨天的英才变成今天的庸才。

 ## 成就是掌控时间的结晶

　　人生，犹如一条无形的链子，这条链子由一节节年龄环所串联而成。人的年龄分期，是人的时间形态，又是人的生命形态。在人生的道路上，有一个时间与价值组成的坐标系。在这个坐标系上，时间是横轴，价值是纵轴。若把人的一生点描在上面，我们就会看到由这些点组成的线，有时是直线，有时是曲线，有时上升，有时下降，表示了人生有的时期光辉闪烁，有的时期平淡无奇，有的时期还产生负价值。有一句外国谚语："一个人成年偿还少年的债钱。"就是说，倘若一个人青少年时不善于管理自己的时间和生活，那实际等于欠下后半辈子偿还不完的宿债。相反，一个人在青少年时期善于管理自己的时间和生活，能够努力进取，那就等于为后半辈子积累发展的雄厚资金，受益无穷。所以在这个坐标系上，有两个特点，一是青少时期是人生的最宝贵时期，一个人年轻时期对时间的态度，往往影响到他一生的价值。二是时间还对人生作出严格的"筛选"，它不把有价值的东西筛掉，也决不让鱼目混珠，废物长存。文艺复兴时代的巨匠达文西有一句至理名言："真理是时间的女儿。"相信它能逐步把所有东西的"真相揭露出来"。

学问、事业都是时间和精力的结晶。成功之路，是一个要经过长期艰辛的奋斗之路。成就的大小，与人们为之付出的汗水和时间成正比。达尔文经过 20 余年的研究，才于 50 岁时出版了《物种起源》；孟德尔对豌豆花进行了 10 年的实践，终于在 44 岁时发现了遗传法则；发明大王爱迪生前后经过 17 年，试验了 1600 百种不同的物质，才有了我们今天所用的电灯泡的钨丝；美国科学家吉耶曼和他领导的一个小组，历时 27 年，处理了 27 万只羊脑，终于得到一毫克促甲状腺释放因子的样品；而哥白尼写《论天体的运行》花了 36 年，歌德写《浮士德》花 10 年。就以画虾为例来说，齐白石对问他成功秘诀的人说："余画虾数十年，始得其神。"凡此等等，无一不说明了时间与成就的关系。

据学者研究，立志和勤奋相结合是支配人才成长的一条重要规律。所谓"勤"，就是要求人们像珍惜生命一样去珍惜时间，我们常说，要勤于学习，勤于思考，勤于探索，勤于实践，勤于总结，就是这个道理。说到"奋"，就是要有一个坚强的信念和奋斗的目标。大教育家夸美纽斯说："勤奋可以克服一切障碍。"达尔文说："我所完成的任何科学工作，都是通过长期考虑、忍耐和勤奋得来的。"门得列夫说："终生努力，便成天才。"郭爱克博士也说："科学就是勤奋，勤者就是要紧紧抓住时间。"要知道，成就之果并不是一探手就可摘到，光辉的成就之峰，并不是一蹴就可攀登上去。著名的组织学家聂佛梅瓦基，他一生都用来研究蠕虫的构造。他说："蠕虫那么长，人生可是那么短！"

如果能够最优化地利用和明智地分配珍贵的时间，将增大我们的能量，从而创造更多的价值。人生，以时间为尺度计算其长短；事业以时间为标准衡量。没有时间，也就没有生命，没有存在，没有思想，没有希望，也就没有一切，一切存在于时间之中，时间是一切条件中的基本条件。不珍惜时间就得不到生命的价值。在人类历史上，凡是有成就的科学家、文学家、政治家、军事家，哪一个没有演奏一曲曲动人的时间之歌？因此，如果你想尽快踏上成功之路，那就首先要知道时间的价值，学会掌控自己的时间和生活。

时间好像在慢慢地爬；

我是个孩子，整天嬉笑不止，

时间迈开前时的步伐；

在我长大成人以后，

时间变作奔腾的骏马；

当我老得皱纹满颊，

时间成了飞逝的流霞。

人类的时间观不但和年龄有关，也和事业心有关。据著名物理学家费米夫人回忆，费米工作准时得像"闹钟一样的某种大脑机械装置"；格拉宁写道，柳比歇夫能"感觉得到时针在表面上移动"；高度的时间观念，是现代化社会人才必备的条件之一。

当代社会已经进入了发达的信息社会。信息社会的一个显著特征是时间变得比以往任何时代都要宝贵。因而，时间不仅仅就是金钱，它还是道德、教养、品格、尊严、社会责任，甚至还是一种社会生命。

因此，《奇特的一生》作者格拉宁说："时间比过去少了，时间的价格比过去高了……"而与这种深刻变革的时间观念相适应的必须是强烈的时间信息感。有志于成功的人，如果对身边流逝的分分秒秒没有敏锐的感受，绷紧头脑里的弦，那显然是不行的。

你想在伟大的事业中留下"痕迹"吗？你想以用现实社会的成功来显示自己生命的价值吗？那好，请你珍惜这人生的最大财富吧！请你以强烈的时间信息感，适应深刻变革的时间观念的需要吧！有了这种强烈的时间信息感，才能提高时间管理水平；才能疏导时间信息渠道，增强时间的节奏意念不断追求效率，我们希望每一位立志于成功的人能够驾驭那飞逝的分分秒秒，真正做时间的主人。

做与时间赛跑的人

人的一生是有限的，多则百年，少则几十年。如果一个人一生能活到 70 岁，那么，它的全部时间就是 60 万个小时。如果把一生时间当作一个整体运用，那么就是到了三四十岁，会认为现在刚刚是起点，即使五六十岁，还有许多有效时间可以利用。但时间又显得是那样的容易逝去，如果你只是活一天算一天，到了三四十岁，就会感到人生的道路已走一半了。人过三十不学艺，结果是无所事事地混过晚年。许多本来可以好好利用的时间，白白地消磨过去。

我们中的许多人都是这样，随意把时间浪费掉，那么，虽然他在此时是自由的，但在即将接踵而来的社会竞争面前，却很可能不自由，就会丧失某些原本属于他的机遇。

一位著名的学者在他的一本关于有效管理时间的书中写道："关于管理者的任务的讨论，一般都从如何做计划说起。这样看来很合乎逻辑。可惜的是管理者的工作计划，很少真正发生作用。计划常只是纸上谈兵，常只是良好的意见而已，而很少转为成就。……"

人在时间中成长，在时间中前进。时间，唯有时间，才能使智力、想象力及知识转化为成果。人的才能得到充分的发挥，尽快踏上成功之路，若没有充分利用时间的能力，不能认识自己的时间，计划自己的时间，管理自己的时间，那只会失败。

时间，是成功者前进的阶梯。任何人想要成就一番事业，都不可能一蹴而就，必须踩时间的阶梯一级一级攀登。

时间是成功者胜利的筹码。成功要有个定向积累的过程，世界上从来没有不花费时间便唾手可得的成功，时间对于你工作的成功意义是巨大的。歌德曾后悔地说："在许多不属于我本行的事业上浪费了太多的时间，"假如分清主次的话，"我就很可能把最珍贵的金刚石拿到手。"我们再假定，如果歌德活到六七十岁即去世，那他的伟大巨著《浮士德》肯定完成不了。

在当今的社会工作中，时间被看得越来越重要，能否有效地运用时间，提高时间管理的艺术，成为决定成就大小的关键因素。由于现代资讯的增加，知识陈旧周期缩短，使人才越来越带有不固定性。有效地对时间进行利用成为需要。

时间是一种重要的资源，却无法开拓、积存或是取代，每个人一天的时间都是相同的，但是每个人却有不同的心态与结果，主要是人们对时间的态度颇为主观，不同的人，对时间都会抱持着不同的看法，于是在时间的运用上就千变万化了。

对时间管理应有怎样的认识，如何与时间拼搏？对任何一个人而言，都具有积极的意义。

时间管理，就是如何面对时间的流动而进行自我的管理，其所持的态度是将过去作为现在改善的参考，把未来作为现在努力的方向，而好好地把握现在，立刻去运用正确的方法做正确的事。要与时间拼搏，就要明白下面的一些理念：

时间管理的远近分配。为了能掌握时间，每一个人可根据自己的目标安排十年的长期计划，三年或五年的中期计划，甚至季或月的执行计划，计划亦可根据不同的职务层次，安排十年的经营目标或三至五年的策略目标。

时间管理的优先顺序：为了使有限的时间产生效益，每一个人都应将其设定的目标根据对于自身意义的大小编排出行事的优先顺序，其顺序为第一优先是重要且紧急的事，第二优先是重要但较不紧急的事，第三优先是较不重要但却紧急的事，第四优先才是较重要且并不紧急的例行工作。

时间管理的限制突破：任何的目标达成都会受到人、物、财三种资源的限制，而如何客观地找出这些限制因素，并寻求不同的突破方法，可使得目标的达成度增高，亦表示预期目标的实际性，以避免理想成为空想，时间白白虚度。

时间管理的计划效率：没有计划，行动的效率就会大打折扣，而计划后也才能看出实际行动中可能产生的风险，以提醒自己注意，使理想与现实能够结合。

时间管理的结果、评估：任何的行动，都必须对其结果进行评估，以清楚地了解目标计划的超前与落后，各种未曾预测到的限制发生与可能的风险因素，以重新调整或改进，使整个时间的流动皆踏踏实实。

我们要与时间拼搏，就是要有效地管理我们的时间。让有限的时间对于我们的工作具有更大的意义。

能够把对手"挑落马下"的人，其实没有什么绝招可言，只不过是在他们出手时，在时间上比对手快了一点。

比尔·盖茨说：现在的商业竞争，没有什么秘密可谈，谁能在最短的时间内，发挥出自己的优势，谁就能"称王"。

在激烈竞争的商战中，时间是战胜对手的一个重要因素，谁在时间上领先一步，就有可能取得节节的胜利。只有做到这一点才能满足新时代对人们的要求，并将你的技术革新变得方便实用，这样，你就会牢牢地占据市场，你也会以此为动力，不断发展。比尔·盖茨在"卓越"软件的开发上所表现出来的眼光与胆识，就是很好的说明。

现代企业的发展随着时代和社会的进步已经深深地打上了时间的烙印，对时间的有效利用渐渐成为衡量一个企业健康与否的重要尺度。在商业竞争中，时间就是效率，时间就是生命，尤其是最具有现代产品性质的电脑软件更是一种时间性极强的产品，一旦落后于人，就会面临失败的危险。

比尔·盖茨在长期的实践中，对这一点体会最深，正是凭借着这笔难得的财富，他才能总在公司的若干重大危机关头，采取断然措施，抢在别人前面，因而获得了成功。

"永远比人快一步"是微软在多年的实战中，总结出来的一句名言。这句名言在微软与金瑞德公司的一次争夺战中，表现得尤其淋漓尽致。

金瑞德公司根据市场需求，经过潜心研制，推出了一套旨在为那些不能使用电子表格的客户提供帮助的"先驱"软件。这是一个巨大的市场空白，毫无疑问，如果金瑞德公司成功，那么微软不仅白白让出一块阵地，而且还有其他阵地被占领的危险。

面对这种情况，比尔·盖茨感到自己面临的形势十分严峻，他为了击败对手，迅速做出了反应。1983年9月，微软秘密地安排了一次小型会议，把公司最高决策人物和软件专家都集中到西雅图的苏克宾馆，整整开了2天的"高层峰会"。

在这次会议上，比尔·盖茨宣布会议的宗旨只有一个，那就是尽快推出世界上最高速电子表格软件。以赶到金瑞德公司之前占领市场的大部分资源。

微软的高级技术人员们在明白了形势的严峻之后，纷纷主动请缨，比尔·盖茨在经过反复的衡量之后，决定由年轻的工程师麦克尔挂帅组建一个技术攻关小组，主持这套软件的开发技术。麦克尔与同仁们在技术研讨会议上透彻地分析和比较了"先驱"和"耗散计划"的优劣，议定了新的电子表格软件的规格和应具备的特性。

为了使这次计划得到全面的落实和执行，比尔·盖茨没有隐瞒设计这套电子表格软件的意图，从最后确定的名字"卓越"中，谁都能够嗅出挑战者的气息。

作为这次开发项目的负责人，麦克尔深知自己肩上担子的分量，对于他来说，要实现比尔·盖茨所号召的"永远领先一步"，首先意味着要超越自我，征服自我。

但是，事情的发展从来都不是一帆风顺的，现实往往出乎人们意料。

1984 年的元旦是世界计算机史上一个影响深远的里程碑，在这一天，苹果公司宣布它们正式推出首台个人电脑。

这台被命名为"麦金塔"的陌生来客，是以独有的图形"窗口"，为用户界面的个人电脑。"麦金塔"以其更好的用户界面走向市场，从而向 IBMPC 个人电脑发起攻势强烈的挑战。

比尔·盖茨闻风而动，立即制定相应的对策，决定放弃"卓越"软件的设计。而此时，麦克尔和程序设计师们正在挥汗大干、忘我工作，并且"卓越"电子表格软件也已初见雏形。经过再三考虑，比尔·盖茨还是不得不做出了一个心痛的决定，他正式通知麦克尔放弃"卓越"软件的开发，转向为苹果公司"麦金塔"开发同样的软件。

麦克尔得知这一消息后，百思不得其解，他急匆匆地冲进比尔·盖茨的办公室：

"我真不明白你的决定！我们没日没夜地干，为的是什么？金瑞德是在软件开发上打败我们的！微软只能在这里夺回失去的一切！"

比尔·盖茨耐心地向他解释事情的缘由：

"从长远来看，'麦金塔'代表了计算机的未来，它是目前最好的用户界面电脑，只有它才能够充分发挥我们'卓越'的功能，这是 IBM 个人电脑不能比拟的。从大局着眼，先在麦金塔取得经验，正是为了今后的发展。"

看到自己负责开发研究的项目半路天亡，麦克尔不顾比尔·盖茨的解释，恼火地嚷道："这是对我的侮辱。我绝不接受！"

年轻气盛的麦克尔一气之下向公司递交了辞职书。无论比尔·盖茨怎么挽留，他也毫不松口。不过设计师的职业道德驱使着他尽心尽力地做完善后工作。

麦克尔把已设计好的部分程序向麦金塔电脑移植，并将如何操作"卓越"制作成了录像带。之后，便悄悄地离开了微软。

爱才如命的比尔·盖茨，在听说麦克尔离开微软后，在第一时间里立即动身亲自到他家中做挽留工作，麦克尔欲言又止，始终不肯痛快答应。盖茨只好怀着矛盾的心情离开了麦克尔的家。

麦克尔虽然嘴上说不回微软，但他的内心不仅留恋微软，而且更敬佩比尔·盖茨的为人和他天才的创造力。

第二天，当麦克尔出现在微软大门时，紧张的比尔·盖茨才算彻底松了一口气："上帝，你可总算回来了！"

感激之情溢于言表的麦克尔紧紧拥抱住了早已等候在门前的比尔·盖茨，此后，他专心致志地继续"卓越"软件的收尾工作，还加班加点为这套软件加进了一个非常实用的功能——模拟显示，比别人领先了一步。

嗅觉灵敏的金瑞德公司也绝非无能之辈，它们也意识到了"麦金塔"的重要意义，并为之开发名为"天使"的专用软件，而这，才正是最让盖茨担心的事情。

微软决心加快"卓越"的研制步伐，抢在"天使"之前，成功推出"卓越"系列产品。半个月后，"卓越"正式研制成功，这一产品在多方面都远远超越了"先驱"软件，而且功能更加齐全，效果也更完美。因此，产品一经问世，立即获得巨大的成功，各地的销售商纷纷上门定货，一时间，出现了供不应求的局面。

此后，苹果公司的麦金塔电脑大量配置卓越软件。许多人把这次联姻看成是"天作之合"。而金瑞德公司的"天使"比"卓越"几乎慢了3周。这3周就决定了两个企业不同的命运。

随后的市场调查报告表明："卓越"的市场占有率远远超过了"天使"。将竞争对手甩在后面，微软又一次给全世界上了精彩的一课。在各种各样的商战中，谁在时间上赢得主动，谁就能领先一步，在行动中就有了取胜的主动权。这样，你就会牢牢地占据市场，你也会以此为动力，不断发展。比尔·盖茨在"卓越"软件的开发上所表现出来的眼光与胆识，就是很好的说明。

人生就是一场竞赛，只有不断地奔跑，才能在竞争中不被他人"吃掉"。

比尔·盖茨说：快速、加速、变速就是这个信息时代的显著特征。这种特征只有每个敢于奋起直追的人才能真正理解和把握。

在创业初期，比尔·盖茨他们设计开发的软件"8086"，似乎是超乎寻常的。比尔·盖茨安排一位软件开发工程师做新模拟程序的候选人。

可是过了很长时间，他连手册还没有写出来。微软公司的雷恩和奥里尔只好根据英特尔工程师们写的说明书来搞他们的版本。英特尔的工程师们此时正在设计这个芯片。

这样，软件就走到了硬件的前头。

这样做似乎没有必要。但是在那一个阶段，微软公司内部有一种狂热的工作气氛，这种气氛推动着所有的员工拼命工作。在这后面有一个叫做比尔·盖茨的"魔鬼"，他不断地催促说："快点！快点！"

那时比尔·盖茨心里十分清楚，微软公司这么干实际上是在做一次投机冒险。按以往的惯例是：搞项目总是等机器出来，然后各路英雄一路冲杀过去，谁做得好做得快，谁就会成功。

比尔·盖茨知道：在同一条起跑线上，很难说谁就一定得第一。微软公司这一次的方法是抢跑。新的计算机做不出来，就算微软公司白干了一场。但是，新型计算机做出来了，那谁也别和微软公司争了，微软公司一定是第一。

微软公司的这个决策得到了回报，它又一次挣到了钱。

在阿尔伯克基的一切工作都做完后，微软公司将做一次战略转移。为了永远记住在阿尔伯克基的日日夜夜，微软公司的各位英豪决定在1978年11月7日这天照一张集体像。

就在这个月，微软公司完成了全年100万美元销售额。精确地说，是135万多美元。他们带着这个成绩，向着大西北绿草如茵的地方进发了。在途中，比尔·盖茨访问了硅谷的计算机制造商。在一条路上，他得到了警察开具的三张超速行驶的罚单，其中两张是同一天被同一个警察处罚的。他来来去去都开得太快了。

他用的是微软的速度。可惜的是，警察并不理解这种速度的含义和这位司机的真实思想。这是一个速度快得让人目不暇接的时代，只有跟得上速度的人，立志于走在时间前面的人才能取得成功。比尔·盖茨的创业成功就证实了这一点。

在日常生活中，你要学会和自己比赛，始终走在时间的前面，尽可能地超出自己平常的成绩。

首先要养成快速的节奏感，克服做事缓慢的习惯，调整你的步伐和行动，这不仅可提高效率，节约时间，给人以良好的作风印象，而且也是健康的表现。

由于科学技术的社会化，人与人在质量、能力（智商）上的差别越来越小。因此，人发出的能量就取决于其速度。

谁慢谁就会被吃掉。比如：搏击以快打慢，军事先下手为强，商战已从"大鱼吃小鱼"变为"快鱼吃慢鱼"。

比尔·盖茨认为：竞争的实质，就是在最快的时间内做最好的东西。人生最大的成功，就是在最短的时间内达成最多的目标。质量是"常量"，经过努力都可以做好以致于难分伯仲；而时间，永远是"变量"，一流的质量可以有很多，而最快的冠军只有一个。任何领先，都是时间的领先！

我们慢，不是因为我们不快，而是因为对手更快。

下面的这个《羚羊与狮子》的故事，充分说明了这一点。

在非洲的大草原上，一天早晨，曙光刚刚划破夜空，一只羚羊从睡梦中猛然惊醒。

"赶快跑！"它想到，"如果慢了，就可能被狮子吃掉！"

于是，起身就跑，向着太阳飞奔而去。

就在羚羊醒来的同时，一只狮子也惊醒了。

"赶快跑"，狮子想到，"如果慢了，就可能会被饿死！"

于是，起身就跑，也向着太阳奔去。

将时间管理当成比赛会让你受益无穷。

1. 能让平淡无味的工作变得有趣、生动。即便是最有刺激性的工作中也免不了有乏味的事。

2. 和自己比赛可以激发心理学上的"满溢状态"的行为。这是一种内在的变化，时间似乎很少，但你的成果却很多。

3. 改善你的工作质量。对于实现你自己的目标应该像优秀的跨栏选手一样，速度更快、更好，还要求不把栅栏碰倒。

时间是常量，速度是变量，每个人的时间都一样，你奔跑的距离就取决于你的速度，与时间赛跑，永远不要比你的竞争对手慢。

充分利用好自己的时间

一个人之所以成功，时间管理是非常重要的关键因素，如果我们想要成功，就必须让我们的时间管理做得更好，要把时间管理好，最重要的就是做好以结果为导向的目标管理。

首先，你现在对于时间的心理概念是怎样的，你要有把事情做好、时间管理好的强烈欲望；并决定达成做好时间管理的目标；时间管理是一种技巧，观念与行为有一段差距，必须经常地去演练，才能养成良好的习惯；不断坚持直到运用自如。

只有时间管理好，才能够达到自我理想，建立自我形象，进一步提升自我价值。每个人若能每天节省 2 小时，一周就至少能节省 10 小时，一年节省 500 小时，则生产力就能提高 25％以上。每一个人皆拥有一天 24 小时，而成功的人单位时间的生产力则明显地较一般人高。

你要明确，要成就一件事情，一定要以目标为导向，才会把事情做好，把握现在，专注在今天，每一分每一秒都要好好把握。想要做一个工作高手，有两个关键，第一就是工作表现，要有能力去完成工作，而非只强调其努力与否而已；第二是重视结果，凡事一定要以结果为导向，做出成果来。时间管理好，能让人更满足、更快乐、赚取更多的财富、自我价值亦更高。

现在来看一下你的时间是如何使用的。

记录自己的时间目的在于知道自己的时间是如何耗用的。为此，要记录时间的耗用情况。要掌握用精力最好的时间干最重要的事。精力最好的时间，因人而异。每个人都应该掌握自己的生活规律，把自己精力最充沛的时间集中起来，专心去处理最费精力、最重要的工作，否则，常常把最有效的时间切割成无用的或者低效率的零碎时间。试着找到无效的时间，首先应该确定哪些事根本不必做，哪些事做了也是白费功夫。凡发现这类事情，应立即停止这项工作；或者明确应该由别人干的工作，包括不必由你干，或别人干比你更合适的，则交给别人去干。其次还要检查自己是否有浪费别人时间的行为，如有，也应立即停止。消除浪费的时间，因为时间毕竟是个常数，人的精力总是有限的。

分析一下自己的时间都用到哪里去了，是时间管理的第一步。介绍一个例子，惠普公司总裁柏拉特（LewisPlatt）把自己的时间划分得很好。他花20%的时间和客户沟通，35%的时间在会议上，10%的时间在电话上，5%的时间看公文。剩下来的时间，他花在一些和公司无直接关系，但间接对公司有利的活动上，例如业界共同开发技术的专案、总统召集的关于贸易协商的咨询委员会。当然，每天也留一些空当时间来处理发生的情况，例如接受新闻界的访问等。这是他与他的时间管理顾问仔细研究讨论后得出的最佳安排。

对照一下你是否有时间管理不良的征兆？看看你是否有以下这些问题：1. 你是否同时进行着许多个工作方案，但似乎无法全部完成？2. 你是否因顾虑其他的事而无法集中心力来做目前该做的事？3. 如果工作被中断你会特别震怒？4. 你是否每夜回家的时候累得精疲力竭却又觉得好像没做完什么事？5. 你是否觉得老是没有什么时间做运动或休闲，甚至只是随便玩玩也没空？对这些问题，只要有两个回答是"是"的话，那你的时间管理就出了问题。

有效的个人时间管理必须对生活的目的加以确立。先去"面对"并"发现"自己生活的目标在何处，问问自己："为什么而忙？""到底想要实现什么？完成什么？"问自己这些问题也不是挺舒服的事，但对自己的生活颇有启发作用。接下来应要求自己"凡事务必求其完成"，未完成的工作，第二天又回到你的桌上，要你去修改、增订，因此工作就得再做一次。

你是否了解下面一些时间管理的原则呢？

第一，设定工作及生活目标，排好优先次序并照此执行。

第二，每天把要做的事列出一张清单。

第三，停下来想一下现在做什么事最能有效地利用时间，然后立即去做。

第四，不做无意义的事。

第五，做事力求完成。

第六，立即行动，不可等待、拖延。

设定一个目标，立定标杆，全力以赴：譬如射标，一定要有一个靶，才会射中标的。同样地，人生若没有目标，只会任由环境影响，而非自己影响环境。根据耶鲁大学研究，只有3％的学生为自己订下目标，而其他的学生则没有。经过长时间的研究指出，当初订下目标的3％学生，其成就远超过其余97％学生的总和。

一般人不愿为自己设定时间衡量的目标的几个原因：怕万一达不到会有失败感；认为每天过得好好的就可以了；误将行动当成就；每天忙来忙去，好像很有成就感。其实行动不等于成就，有结果才算有成就，所以一定要设定成就目标。

尝试着这样为自己拟定一个目标并去实现它：

第一，先拟出您期望达到的目标；

第二，列出好处：您达到这目标有什么好处？譬如您有一个目标想买房子，列出买房子对您有哪些好处；

第三，列出可能的障碍点：您要达到此目标之障碍，可能是钱不够、能力不够等，一一列举，同时列出解决的想法；

第四，寻求支持的对象：一般而言，很难靠自己一个人即能达到目标，所以应将寻求支持的对象亦一并列出；

第五，订出行动计划：一定要有一个行动计划；

第六，订出达成目标的期限。

要实现目标,我们应该做到以下几个方面。

消除恐惧:不要担心失败,认同每个人一定要有"目标"这个想法。

坚持目标:若不坚持,任由挫折、打击进行摆布因而放弃,则永远达不到预定的目标。

一位希望追求成功的人必须能坚持、决不放弃,才会成功地达到目标。

写下目标:通常想的还是不够,一定要写下您的目标,才能加深印象,进入我们的潜意识。

设定优先顺序:目标可能有很多,一定要排定其优先顺序。

拟定计划:依据目标之优先顺序拟定计划。

对计划设定优先等级和先后顺序。

排定时间:确实做、马上做。

除掉障碍,寻求合作,充实知识,决定关键步骤。人类因梦想而伟大,作伟大的梦,并使它们实现。每天早上重写一遍您的目标,每天晚上审查这些目标;每天如此做,这样才会进到我们的潜意识。

每天都要做好一个有效的计划。

没有哪一位足球教练不在赛前向队员细致周密地讲解比赛的安排和战术。而且事先的某些计划也并非一成不变,随着比赛的进行,教练一定会根据赛情做某些调整。但重要的是,开始前一定要做好计划。

你最好为你的每一天和每一周订个计划,否则你就只能被迫按照不时放在你桌上的东西去分配你的时间,也就是说,你完全由别人的行动决定你办事的优先与轻重次序。这样你将会发觉你犯了一个严重错误——每天只是在应付问题。

为你的每一天定出一个大概的工作计划与时间表,尤其要特别重视你当天应该完成的两三项主要工作。其中一项应该是使你更接近你最重要目标之一的行动。在星期四或星期五，照着这个办法为下个星期做同样的计划。

请记住，没有任何东西比事前的计划能促使你把时间更好地集中运用到有效的活动上来。不要让一天繁忙的工作把你的计划时间表打乱。做一张日程表，日程表不仅仅对于那些所谓的老板有用，每个人都可以从中获利。

在纸的一边或在你的记事本上列出某几段特定时间要做的事情，如开会、约会等。在纸的另一边列出你"待做"的事项——把你计划要在一天完成的每一件事情都列出来。然后再审视一番，排定优先顺序。表上最重要的事项标上特别记号。因此，你要排出一两段特定的时间来办理。如果时间允许，再按优先顺序尽量做完其他工作。不要事无巨细地平均支配时间，同时你要留有足够的时间来弹性处理突发事项，否则你会因小失大完不成主要工作而泄气。

在使用日程表时，你应注意"待做事项"有一项很大的缺点，那就是我们通常根据事情的紧急程度来排定。它包括需要立刻加以注意的事项，其中有些事项很重要，有些并不重要。但是它通常不包括那些重要却不紧急的事项，诸如你要完成但没有人催你的长远计划中的事项和重要的改进项目。

因此，在列出每天"待做事项"时，你一定要花一些时间来审阅你的"目标表"，看看你现在所做的事情是不是有利于你要达到主要的目标，是否与其一致。

在结束每一天工作的时候，你很可能没有做完"待做事项中所列出的事项，但是你不要因此而心烦。如果你已经按照优先次序完成了其中几项主要的工作，那么这正是时间管理所要求的。

不过这里有一项忠告：如果你把一项工作（它可能并不十分重要）从一天的"待做事项"上移到另一天的工作表上，且不只是一两次，这表明你可能是在拖延此事。这时你要向自己承认，你是在打马虎眼，你就不要再拖延下去了，而应立即想出处理办法并着手去做。

你最好在每天下班前几分钟拟定第二天的工作日程表。如果拖到第二天上午再列工作计划表，那就容易做得很草率，因为那时又面临新的一天的工作压力。这种情况下排定的工作表上所列的常常只是紧急事务，而漏掉了重要却不一定是最紧急的事项。

为某一工作定出较短的时间，也就是说，不要将工作战线拉得太长，这样你就会很快地把它完成。这就是你为什么要定出每日工作计划的目的所在。没有这样的计划，你对待那些困难或者轻松工作就会产生惰性，因为没有期限或者由于期限较长，你感觉可以以后再说。如果你只从工作而不是从可用的时间上去着想，就会陷入一种过度追求完美的危机之中。你会巨细不分，且又安慰自己已经把某项次要工作做得很完美，这样做的结果只能是主次不分尝试制作一张每日时间记事表，根据你自己的状况不断加以修正。这种表可以包括两类：一类是"活动事项"，另一类是"活动目的"。把一天的办公时间按你认为合适的标准划分为若干个时间段，然后在上面打两个记号，每一类下面各一个，并且按照需要，在"附注"栏中注明你确实做了些什么。

你可以把这张表放在一边的架子上，不使用的时候就看不到它，然后每一个时段结束后简单填一下。一天累积起来，填写这张表大概只要三四分钟，但是它产生的效果极为惊人。

你会发现，你以前根本说不清楚你的时间究竟都用到哪里去了。

你的记忆力在这方面是不可靠的，因为我们往往只记得一天中最重要的事情——也就是我们完成了某些事情的时刻——而忽略掉我们浪费或未能有效利用的时间。琐碎的事项，小小的分心都不太重要，我们记不住。但这些正是我们最需要辨明并加以修正之处。

填写这张表两三天之后，你会惊讶地发现，你有很多地方可以改进。例如，你可能会发现你以前并不知道你竟然花了那么多的时间去阅读杂志、报纸等，因此想找出一个办法来减少用于这方面的时间。你也可能会惊讶地发现，你竟然把那么多时间用在赴约的路上，因此想办法改进行程，一次去几个地方，或多利用电话。

不过最重要的是，你会更惊讶地发现，你实际上居然只用一点点时间做你承认是最优先的事。而和你东奔西走地处理那些次优先的事务相比，你用于计划、预估时间、探寻和利用时机，以及努力确定目标等的时间真是太少了，这样你会更清醒。

我们每个人都需要自律，要绘制或填写时间记事表。当你真正做到之后，保证你会出现一些惊喜的效果。

设定好任务的优先次序

每个人每天都有非常多的事情要做，为有效管理时间一定要设定优先次序：在日常工作中，有 20% 的事情可决定 80% 的成果；目标须与人生、事业的价值观相互符合，如此才不致浪费力气；发展专长，从事高价值的活动；无益身心的低价值活动，会腐蚀我们的精力与精神，尽量不要去做；要设定优先顺序，将事情依紧急、不紧急以及重要、不重要分为四大类。一般人每天习惯于应付很多紧急且重要的事，但接下来会去做一些看来紧急其实不太重要的事，整天不知在忙什么。其实最重要的是要去做重要但是看起来不紧急的事，例如读书、进修等，若你不优先去做，则你人生远大的目标将不易实现。

设定优先次序，可将事情区分为五类：必须做的事情；应该做的事情；量力而为的事情；可以委托别人去做的事情；应该删除的工作。最好大部分的时间都在做必做和应该做的事情。

时间应如何运用才最有价值？一个重要的观念是要做对的事以及重要的事，而不是把事情做完就可！一般人的习惯是不管所做的事情是否正确，只知一味地去做，这样是不对的。唯有努力去做"对"的事情才会有高产能，要有勇敢的特质，拒绝不重要的事，来者不拒是不好的。忘掉过去种种，而努力未来。专注于目前有什么机会上，努力去把握，要有时间的远景。真正的成功本身是一种态度，亦即要有成功的意念、欲望、决心，每天要有足够的时间来做重要的事。

组织时间、保持整洁，能够提升我们的自我价值、自我形象以及自我尊严。例如将桌面保持整洁、做完事立即归档、做事只经手一次，经手五六次才完成就很浪费时间，尽可能一次就把它做完，凡事若能预作准备，才能有效地掌握时间。

将不用的资料丢掉；将资料转交给别人去做；重要的事情一定要马上去做；有使用价值且重要者才归档，根据统计约80%～90%的归档资料是不会再去用它。若在五分钟之内无法找到所要的档案，就是不好的档案系统，所以每隔一段时间要整理档案并将不需要的档案丢掉。

　　有毅力、耐心地持续工作，直到完成；做完工作，给自己适度的报酬与奖励；善于利用内在及外在的巅峰时刻；内在巅峰时刻是指利用自己精神最好的时刻来做重要的事情；外在巅峰时刻是指与别人接洽时要掌握别人最有空的时段；善用百分之三十定律：一般人完成工作所需要的时间通常会超出您所预定时间的 30% 以上；善加规划能减轻压力；不要制造借口，要妥善制订计划并将工作完成。

　　当在工作上和时间上愈来愈有绩效时，你可能会被指派更多的工作，有效的专案管理（组织和执行能力）将是成功的关键，其内容包括下列几个方面。

　　多重的工作计划：若您越能做多重的工作计划，即代表您的能力越强；

　　规划和组织：事先一定要有很好的规划及组织；

　　任何事情一定要设定一个期限来完成它；

　　列出完整的工作清单；

　　判定限制的步骤：看看哪些事情会影响结果，想办法解决；

　　多重工作计划的管理可依循序法或并行法进行；

　　指派和授权：事情实在太多，不可能自己一个人完全承担，有些事情一定要指派给别人；

　　当事情指派给别人时，一定要记得做检核的动作，检视对方是否依照自己的理想去做；

　　凡是可能出错的都会出错；

　　每次出错的时候，总是在最不可能出错的地方；

　　不论您估算多少时间，计划的完成都会超出期限；

　　不论您估算多少的开销，计划花费都会超出预算；

您做任何事情之前，都必须先做一些准备的工作。

崔西定律：任何工作的困难度与其执行步骤的数目平方成正比。例如完成一件工作有 3 个执行步骤，则此工作的困难度为 9，而完成另一工作有 5 个执行步骤，则此工作的困难度是 25，所以必须简化工作流程；简化工作是所有成功主管的共同特质，工作愈简化，愈不会出问题。

尽量不要浪费时间：一般人在接电话后习惯聊天一阵子，这样很浪费时间；不重要的会尽量不要召开，开会一定要准时开始及结束，要好好地计划，才不会浪费时间；临时有人敲门拜访，一闲聊就花掉数十分钟，所以尽量花费数分钟即结束。

应克服下列行为或习惯：拖延；犹豫不决；过度承诺；组织能力不佳；缺乏目标；缺乏优先等级；缺乏完成期限；授权能力不佳；权力或责任界定不清；缺乏所需资源。

学会把工作重点拟出来，然后作出抉择。通常自己就是时间杀手，要设法控制自己。

管住了时间就管住了一切。

俗话说"一寸光阴一寸金"，做一个善于管理时间的人，不仅你的事业充满了发展的机遇，而且，你的人生也充满快乐。

对时间情有独钟的比尔·盖茨，在和友人的一次交谈中说：一个不懂得如何去经营时间的商人，那他就会面临被淘汰出局的危险。而如果你管住了时间，那么就意味着你管住了一切，管住了自己的未来。

如果你开车去一个不熟悉的地方，会不会先不问路或不带地图？时间管理专家认为，每次花少许时间去预先计划，收效将会十分显著。事先花 10 分钟筹划，事中就不必花一个钟头去想该做些什么事。

赫德莉克在他所著的《生活安排五日通》一书里说："不要把所有活动都记在脑袋里，应把要做的事写下来，让脑子做更有创意的事情。"

相信笔记，不相信记忆。养成"凡事预则立"的习惯。

善于经营的比尔·盖茨指出，为时间做预算、做规划，是管理时间的重要战略，是时间运筹的第一步。成功目标是管理时间的先导和根据。你应以明确的目标为轴心，对自己的一生做出规划并排出完成目标的期限。

比尔·盖茨说：只有做好充分准备，才是快速完成工作的保障。

如果你要想成为一个企业管理的行家，你得大致计划一下，突破一门课程需花多长时间。什么时候进入管理实践，向内行学习。你若以搞发明创造为目标，就得在学习科学理论、向他人求教、动手制作、实验等几个领域分配好时间和精力。

立计划，也包括对"预算"的检查督促。你要经常检查实现某一短期目标，是否如期完成，可以记工作日志，或将完成每件事花费的时间记录下来。

有的人，工作起来似乎一天到晚都很忙，并且常常加班，为何非得加班不可呢？多半是由于工作管理拙劣所致，避免加班的关键在于行程表的拟订。总的来说，拟订周期行程表是件非常重要的事。

我们可以尝试拟订行程表，让自己的工作行程、同事的活动、上司的预定计划、公司的整体动向等事情得以一目了然。

由于自己的工作并非完全孤立，所以必须将它定性在所属部门的课题、公司整体的课题乃至各界的动向上，方才能够加以掌握管理。只要尝试拟订行程表，原本凌乱不堪的各种预定计划，就会显得条理井然起来。

人们之所以工作忙得不可开交，追究其原因是由于老在工作即将截止之前，赶紧手忙脚乱从事加班熬夜之故。这种做法，经常导致工作水平下降。

如果能够拟订行程表，设定进修时间、休闲时间、与家人沟通的时间，自己和家人都将因此取得默契、步调一致。此外，通过与家人的沟通了解，不但得以减轻日常生活的紧张压力，而且能够涌现新的活力。

当然，在生活中我们也有过这种讨厌的经验——我们计划好了，也准备好按照计划来一步一步地办事，可是半途却节外生枝，把我们的预算弄得一团糟。试过一次，又一次，最后我们放弃了："算了，走一步瞧一步罢了！"可是这种态度，害人真不浅呀！"走一步瞧一步"拖垮了多少个计划，毁灭了多少理想，令多少人在下班回家的时候，无精打采，精疲力尽——因为他们根本不知道时间跑到哪里去了，今天他们成就了什么事？

没有计划或者空有计划，都是在变相的浪费时间。

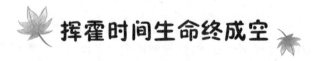

挥霍时间生命终成空

做一个珍惜时间的人，你的生命就会变得更有意义。

比尔·盖茨说：挥霍时间就是挥霍生命。挥霍金钱不是最大的浪费，挥霍时间才是最大的浪费。你不要不在意短短的一分钟或一秒，也许在那一分钟或一秒里，就有改变你一生命运的良机。

也许你的财富无法与比尔·盖茨相比，但有一样东西你和他拥有的一样多，那就是时间。时间的分配对于每一个人来说，都是异常公平的，不论富人或穷人，男人或女人，聪明的或不聪明的，摆在你面前的时间，每一天都是 24 小时，绝对不多一分也不少一秒。

但对时间的使用却是最不公平的，因为有人懂得珍惜，一分掰作二分用，而有人暴殄天物，让时间随意溜走，他不知道，对时间的挥霍是一种最大的浪费。有一句告诫的话说得很到位：浪费时间就是糟践自己。因为无论是谁都无法回过头去，找到曾经无意之中浪费掉的哪怕是一分钟的光阴。

如果你学会科学地把握时间、善用时间，就会变得聪明又充实，在适当的时间内做完你应该做的事情。

没有人真的没有时间。每个人都有足够的时间做必须做的事情，至少是最重要的事情。

在同样多的时间里，却能够做更多的事情，他们不是有更多的时间，而是更善于利用时间。

凡是在事业上有所成就的人，都是惜时如金的人。无论是老板还是打工族，一个做事有计划的人，总是能判断自己面对的顾客在生意上的价值，如果有很多不必要的废话，他们都会想出一个收场的办法。同时，他们也绝对不会在别人的上班时间，去和对方海阔天空地谈些与工作无关的话，因为这样做实际上是在妨碍别人的工作，浪费别人的生命。

懂得节省时间的人，是对生命的一种尊重。尤其在生意场上，如果你是一个部门的经理，整天与顾客们打交道，就更应该懂得时间对自己的价值。在这里告诉你一个既简单又实用的方法：当你与来客把事情谈妥后，应该很有礼貌地站起来，与客人握手告别，并诚恳地告诉客人自己很愿意再多谈一会，因为我们的谈话很愉快，可是今天的事情太多，只能另寻机会了。这种委婉的推脱之辞，客人们都会接受也都会理解，而且，对你的诚恳态度也会非常满意。

在时间就是金钱、时间就是效益的今天，真正干大事的人，他们从来不愿意多耗费一点一滴的宝贵资本——时间。

商人最可贵的本领之一就是与任何人交往，都简捷迅达。这是一般成功者都具有的通行证。与人接洽生意能以最少时间产生最大效率的人，恐怕没有人能与比尔·盖茨相比。为了珍惜时间他招致了许多人的怨恨，其实人人都应该把比尔·盖茨作为这一方面的典范，因为人人都应具有这种珍惜时间的美德。

比尔·盖茨每天上午9点30分准时进入办公室，下午5点回家。有人对比尔·盖茨的资本进行了计算后说，他每分钟的收入是50美元，但比尔·盖茨认为不止这些。所以，除了与生意上有特别关系的人商谈外，他与人谈话一般不会超过5分钟。

通常，比尔·盖茨总是在一间很大的办公室里，与许多员工一起工作，他不是一个人呆在房间里工作。比尔·盖茨会随时指挥他手下的员工，按照他的计划去行事。如果你走进他那间大办公室，是很容易见到他的，但如果你没有重要的事情，他是绝对不会欢迎你的。

作为一个公司的当家人，比尔·盖茨能够准确地判断出一个人来接洽的到底是什么事。当你对他说话时，一切转弯抹角的方法都会失去效力，他能够立刻判断出你的真实意图。这种卓越的判断力使比尔·盖茨赢取了许多宝贵的时间。有些人本来就没有什么重要事情需要接洽，只是想找个人聊聊天，而耗费了工作繁忙的人许多重要的时间。比尔·盖茨对这种人简直是恨之入骨。

　　浪费生命不但可耻，而且可悲，当别人用有限的时间完成了不可能完成的任务，享受常人无法奢望的财富时，挥霍时间的人只能望洋兴叹了。

零碎时间也要有效利用

　　我们每天的生活和工作时间中都有很多零碎时间，如有人约你一起吃午饭而迟到，于是你只能等待；或在银行排队而向前移动缓慢时，不要把这些短暂的时间白白耗掉，你完全可以利用这些时间来做一些平常来不及做的事情。

　　不要认为这种零碎时间只能用来例行公事或办些不大重要的杂事。最优先的工作也可以在这少许的时间来做。如果你照着"分阶段法"去做，把主要工作分为许多小的"立即可做的工作"，你随时都可以做些费时不多却重要的工作。

　　因此，如果你的时间因为那些效率低的人的影响而浪费掉了，请记住：这还是你自己的过失，不是别人的过失。

　　小额投资足以致富的道理显而易见，然而，很少有人注意，零碎时间的掌握却足以叫人成功。在人人喊忙的现代社会里，一个愈忙的人，时间被分割得愈厉害，无形中时间也相对流失更迅速，其实这些零碎时间往往可以用来做一些小却有意义的事情。例如袋子里随时放着小账本，利用时间做个小结，保证省下许多力气，而且随时掌握自己的荷包。

常常赶场的人一定要抓住机会反复翻阅日程表，以免大意遗忘一些小事或约会，同时也可以盘算到底什么时候该为家人或自己安排个休假了。

想想自己的工作还有什么值得改进的地方，尝试给公司写几条建议等。只要你善于发现，小时间往往能办大事。

时间如同一个罐子，如果把几块石头当作你已经有效利用的时间放进去，当然罐子并未被装满。接着你可以抓一些沙子撒进去，这下罐子看起来似乎是满了，但如果你再往里面倒一些水，罐子还是能容纳的。可见时间的总量是固定的，而对于每个人有效利用的部分来说，各自却不一样。有人只放进去几块甚至一块石头，有些人却利用了沙子般的时间，而最善于利用时间的人已经能把时间看成水一样运用自如了。当然，不能只顾着沙子和水。石块还是最重要的，不要因小失大。

有的人每天忙得要命，却做不了什么事情，就是因为把时间都浪费在了琐事上，如果把这些琐碎时间都节省下来，完全可以产生意想不到的效果。

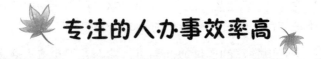

专注的人办事效率高

人一般都是需要一个清静的环境来专心做事的。"不专心"是效率的大敌，相信每个人都有这样的经验：当你面临生活上一些比较严重的问题或是挫折时，你会觉得满脑子都"乱哄哄"，无法集中精神，甚至你可能在办公桌前发一早上的呆而大脑还不曾转过弯来，也做不出原本 10 分钟就可以完成的工作。

美国的一位教育心理学专家曾发表一篇调查报告，指出美国在校大学生在上课的时间里，真正"能听进去也能听懂"的时间只有前面 20 ～ 30 分钟，其他时间，脑子里都装满了和课堂无关的东西。也就是说，每堂课有一半以上的时间被白白浪费掉了。而学生们回家后，还必须花上两至三倍的时间来研读深奥难懂的课文。这在效率学上来看，实在不是什么明智的做法。

不过说得简单，要真正做起来又好像不是那么容易！可以这样做试试：先从简单的开始，或者先从自己感兴趣的事着手。当你觉得心情平静了之后，也不会去想那些令人烦恼的事时，就可以开始着手处理比较困难的事务了。这样你的效率还会不高吗？

在办公室里还是为自己创造一个简单的工作环境，把一切不必要的东西都撤走。包括小说、杂志、CD、零食……只允许必要的文件、工具留在桌面。这样一来，做起事就不会走神，不会东瞧西看，很专心，效率自然就提高了。

三心二意是不可能有高效率的，成功的人一般信奉的是一日事一日毕，决不拖延懈怠。

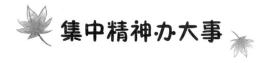

集中精神办大事

做任何事情，万万不要做做停停，停了再做。往往有许多人，今天说得一篇大道理，明天就没有一点事了，也不见任何行动。这种人都可称之为"莽猪""冷血"。他们不知道，任何事业绝非那样一吹法螺就可成功，非聚精会神，有条不紊，持之以恒，不断地努力不可！

生活好比一部交响乐曲，有快慢、强弱、张弛等交替出现的旋律。它在一定程度上反应了人们的生活方式和精神面貌。有的人无论干什么，都是手脚利索，效率极高；有的人则慢慢腾腾，磨磨蹭蹭，效率很差。犹如音乐中的节拍，前者一个八分音符唱半拍，后者一个四分音符唱一拍。前者比后者快一倍。由此推而广之，人们如果能把起床穿衣、洗脸漱口、吃饭走路等全部生活节奏都由原来的"四分音符"变为"八分音符"，那么，人们要多做多少工作呢！

现在世界正进入信息时代。信息，离开了"快"，其价值就不免七折八扣，甚至等于零。市场上，一个信息获得的迟早，可能使一些企业财运亨通或倒闭破产。科学技术上一个新发现或发明公布的先后，可能影响到首创权，或者专利的归属。

快节奏工作的第一法则是具备工作的动力。懂得如何去激发它、如何去节俭地集中地使用它固然重要，但首先必须具备它。

1. 控制时间过剩

英国社会学家巴金生在《巴金生定律》一书中指出，如果高级科技人员时间过剩，就会使他们产生不信任感，以致去开拓那些有害的产品消耗时间来愚弄自己，或者成为一个干什么都慢慢腾腾的慢性子。但时间过剩并不可怕，它的产生是正常的，因为任何人对于时间的需求绝不可能是始终如一的。关键在于控制时间过剩并及时地使它向有利方面转化。

2. 养成习惯，始终不要懈怠

一个伟大的哲学家说过："习惯真是一种顽强而巨大的力量，它可以主宰人生。"人的心理规律是这样的，在新的条件反射形成的暂时神经联系"定型"之前，总是不稳定的；而旧的条件反射形成的神经联系"定型"在彻底瓦解之前，又总具有某种回归的本能。正如鲁姆士所说："每一回破例，就像你辛辛苦苦绕起来的一团线掉下地一样，一回滑手所放松的线，比你许多回才能绕上去的还要多。"所以快节奏习惯在形成之前，不能有丝毫懈怠。

3. 常敲警钟，推动工作

一些时间研究专家，指导人们常做这样的假设：如果我现在知道六个月后我会突然失去学习和工作的能力，在这之前我该以怎样的速度工作；每天的生活都当做自己第二天就要死亡那样安排。著名女学者海伦·凯勒，自幼因猩红热瞎了眼睛和聋了耳朵，她在一篇《假如给我三天光明》的文章中，向认为来日方长，不珍惜今天的光阴，而饱食终日、无所事事的庸碌之辈敲响警钟。作者机智地设问："假如你只有三天的光明，你将如何使用你的眼睛？"用这样的问题启发人们去思考，呼唤人们快节奏地工作，把活着的每天都看作是生命的最后一天，以便充分地显示生命的价值。

经常有人说，有重要考试的当天，想早起，只要前一天早上早起就可以了。因为前一天早起，晚上一定会早睡，考试当天就不会睡过头了。但是，我不太赞成这种方法。

这是因为生活步调会受影响。当然，还要看是什么样的考试，若是重要的考试，最好避免用这种方法。虽然这种方法可以早起，但是打乱了生活的步调，恐怕脑筋无法十分灵活。遇到这种情形，应该从考试那天的前一周起，慢慢地改变生活的步调，每天早上提早一点起床，才不会因为生活步调急剧变化，而造成脑筋的不灵活。

在物理学中，有一个"惯性定律"：一切物体在没有受到外力作用的时候，总保持静止状态或匀速直线运动状态。

工作或念书的步调，和直线运动相似。下决心每天早上早点起床念一小时书，这个决心在培养成习惯的过程中，多少会伴随着痛苦。但是，若持续一段日子，每天早上念一小时书会变得理所当然，也不会再觉得痛苦了。

这中间最难的是从静止到运动的刹那，因为此时要有相当大的毅力。但是只要付出努力，终究是会看到成果的。可是，若中途泄气的话，那么一切都将前功尽弃。

中途的努力是必须坚持的。就像飞机一旦离开陆地，到了一万米的高空，它不再需要大量起飞时必须的能源也可以持续飞行。但是，上了轨道之后，若说"今天情况特殊"而乱了习惯的话，马上就会完蛋。因为，坠落中的飞机要再次上轨道，必须要有高超的技术和坚强的意志，也就是要有极大的毅力。

所以做事要一鼓作气，集中精神。

一个人的精神能否集中，除了他本人的能力之外，也受到工作的内容以及工作环境的左右。

但可以肯定的是，谁也无法长时间保持精神的集中。不论是工作或娱乐，一个人能够集中精神做事的时间绝对是有限的。

如果能了解自己集中精神做事的最高时限，有助于工作效率的提升。因为清楚自己的最高时限，就不会无意义地把工作延长至三四个小时。因为你知道勉强延长工作的时间，只是徒增体力、脑力的负担，没有工作效率可言。如果你的最大时限是 90 分钟的话，那么不妨就在每 90 分钟以后都做个休息。休息是为了走更远的路，在适度的充电之后，更能提高工作效率。即使你的最大时限只有 20 分钟也无妨，只要能发挥最大的工作效率就可以。

此外，适度地变换工作内容也有助于效率的提升。数学做累了，可以改念历史。书写的工作做累了，可以改成阅读资料。变换的内容虽然因人而异，但最重要的是记住"不可能永远保持精力集中"的原则，为了保持工作效率，稍微费心于工作内容的求新与求变才行。

1. 保持某种程度的紧张感

其实"紧张"的另一层意思就是"投入"。原始时代人类的老祖宗们在受到猛兽追逐的时候，常常心跳加速、手心出汗，拼命地逃跑，而手心出汗恰可防滑，以致能攀爬上树顶躲避野兽的攻击。换句话说，"紧张"是下个行动的准备动作，如果不紧张，就无法使出浑身解数逃脱。所以，"紧张"是当时的人们求生存不可或缺的本能。这样的"紧张效果"不仅在原始时代发挥作用，即使是现代人也不可或缺，因为，紧张的情绪会激发精神的集中力，使得思绪清晰、活泼起来。所以，紧张是正常的精神反应，是在明了所面对的问题的重要性之后，产生出来的正常反射。

所以，面临重大考试却一点也不紧张，若无其事，并非好事。因为，没有紧张就没有警戒心，就容易出差错。当然，过分的情绪反应，紧张得什么事情也做不了的话，比不紧张更糟糕。但适度的紧张情绪，绝对有其必要。

2. 培养自己集中精神的能力

为了提高工作或读书的效率，有必要在平日训练好自己集中精神的能力。

"紧张有助于发挥集中力"的另一明证就是站在书店阅读的时候。相信很多人都有这样的经验，有时候并不打算买书，只想在书店查查资料，虽然东抓一本西抓一册随意地翻阅，但这个时候看到的内容印象却意外地深刻。其实，这应该是担心书店老板或店员会出面干涉的紧张感所致，因为紧张才激发了异常的集中力。

集中精力办大事，因为人的时间有限，而能集中精神做事的时间更少，千万不可以浪费在琐碎的小事上。

第八章

面对差不多的现状，你需要进取和追求

生活中有那么多人没有确定目标和抱负，没有规划良好的人生计划，而只是一天天地得过且过，对现状抱着一种差不多的态度。持有这种人生态度的，不要说取得全面的成功，即便是想取得某一领域的成功也是不可能的。

人生的意义在于努力追求

美国的亚历山大·辛得勒指出：人生的艺术，只在于进退适时，取舍得当。因为生活本身即是一种悖论：一方面，它让我们依恋生活的馈赠；另一方面，又注定了我们对这些礼物最终的弃绝。正如先师们所说：人生一世，紧握双拳而来，平摊两手而去。

人生是如此的神奇，这神灵的土地，分分寸寸都浸润于美之中，我们当然要紧紧地抓住它。这，我们是知道的，然而这一点，又常常只是在回顾往昔的时候才为人觉察，可是一旦觉察，那样美好的时光已是一去不复返了。凋谢了的美，逝去了的爱，铭记在我们的心中。生活的馈赠是珍贵的，只是我们对此留心甚少。人生真谛的要旨之一是：告诫我们不要只是忙忙碌碌，以至错失掉生活中可叹、可敬之处。虔诚地恭候每一个黎明吧！拥抱每一个小时，抓住宝贵的每一分钟！

执着地对待生活，紧紧地把握生活，但又不能抓得过死，松不开手。人生这枚硬币，其反面正是那悖论的另一要旨：我们必须接受"失去"，学会怎样松开手。

这种教诲确是不易领受的，尤其当我们正年轻的时候，满以为这个世界将会听从我们的使唤，满以为我们用全身心的投入所追求的事业都一定会成功。而生活的现实仍是按部就班地走到我们的面前，于是，这第二条真理虽是缓慢的，但也是确凿无疑地显现出来。

我们在经受"失去"中逐渐成长，经过人生的每一个阶段，我们只是在失去娘胎的保护才来到这个世界上，开始独立的生活；而后又要进入一系列的学校学习，离开父母和充满童年回忆的家庭；结了婚，有了孩子，等孩子长大了，又只能看着他们远走高飞。我们要面临双亲的谢世和配偶的亡故，面对自己精力逐渐的衰退。最后，我们必须面对不可避免的自身死亡，我们过去的一切生活，生活中的一切梦都将化为乌有！

但是，我们为何要臣服于生活的这种自相矛盾的要求呢？明明知道不能将美永久保持，可我们为何还要去造就美好的事物？我们知道自己所爱的人早已不可企及，可为何还要使自己的心充满爱恋？

要解开这个悖论，必须寻求一种更为宽广的视野，透过通往永恒的窗口来审度我们的人生。一旦如此，我们即可醒悟：尽管生命有限，而我们在世界上的"作为"却为之织就了永恒的图景。

人生决不仅仅是一种作为生物的存活，它是一些莫测的变幻，也是一股不息的奔流。我们的父母通过我们而生存下来，我们也通过自己的孩子而生存下去。我们建造的东西将会留存久远，我们自身也将通过它们得以久远的生存。我们所选就的美，并不会随我们的湮没而灭。我们的双手会枯萎，我们的肉体会消亡，然而我们所创造的真、善、美则将与时俱在，永存而不朽。

查斯特·菲尔德爵士提醒我们："不要枉费了你的生命，要少追求物质，多追求理想。因为只有理想才赋予人生意义，只有理想才使生活具有永恒的价值。"

没有抱负的日子，你要远离

生活中有那么多人没有确定目标和抱负，没有规划良好的人生计划，而只是一天天地得过且过，持有这种人生态度的，不要说取得全面的成功，即便是想取得某一领域的成功也是不可能的。

在生活的海洋中，我们随处都可以看到这样一些年轻人，他们只是毫无目标地随波逐流，既没有固定的方向，也不知道停靠在何方，他们在浑浑噩噩中虚度了多少宝贵的光阴，荒废了多少青春的岁月。他们在做任何事时都不知道其意义的所在，他们只是被挟裹在拥挤的人流中被动前进。如果你问他们中的一个人打算做什么，他的抱负是什么，他会告诉你，他自己也不知道到底要去做什么。他只是在那儿漫无目的地等待机会，希望以此来改变生活。

怎么可能指望一个在生活中没有目标的人到达某个目的地呢？怎么可能指望这样的人不处在混沌和迷惘当中呢？

从来没有听说过有什么懒惰闲散、好逸恶劳的人曾经取得多大的成就。只有那些在达到目标的过程中面对阻碍全力拼搏的人，才有可能达到全面成功的巅峰，才有可能走到时代的前列。

对于那些从来不尝试着接受新的挑战，那些无法迫使自己去从事那些对自己最有利的却显得艰辛繁重的工作的人来说，他们是永远不可能有太大成就的。

任何人都应该对自己有严格的要求。不能一有机会就无所事事地打发时光；他不能够放任自己清晨赖在床上，直到想起来为止；他也不能只在感到有工作的心情时才去工作，而必须学会控制和调节自己的情绪，不管是处于什么样的心境，都应当强迫自己去工作。

绝大多数胸无大志的人之所以失败，是因为他们太懒惰了，因而根本不可能取得成功。他们不愿意从事含辛茹苦的工作，不愿意付出代价，不愿意作出必要的努力。他们所希望的只是过一种安逸的生活，尽情地享受现有的一切。在他们看来，为什么要去拼命地奋斗、不断地流血流汗呢？何不享受生活并安于现状呢？

身体上的懒惰懈怠、精神上的彷徨冷漠、对一切都放任自流的倾向、总想回避挑战而过一种一劳永逸的生活的心理，所有这一切是那么多人默默无闻、无所成就的重要原因。

对那些不甘于平庸的人来说，养成时刻检视自己抱负的习惯，并永远保持高昂的斗志，这是完全必要的。要知道，一切都取决于我们的抱负。一旦它变得苍白无力，所有的生活标准都会随之降低。我们必须让理想的灯塔永远点燃，并使之闪烁出熠熠的光芒。

如果一个人胸无大志，游戏人生，那是非常危险的。

当一个人服用了过量的吗啡时，医生知道这时候睡眠对他来说就意味着死亡，因而会想方设法让他保持清醒。有的时候，为了达到这个目的而必须采用一些非常残忍的手段，比如使劲地捏、掐病人，或者是对他进行重击，总之，必须用一切可能的手段来驱逐睡魔。在这种情况下，一个人的意志力就起着决定性的作用；一旦他意志消沉，陷入睡眠，那么他很可能就再也不会醒过来了。

我们到处都可以见到这样一些人，他们有着最良好的装备，具备一切最理想的条件，而且也似乎是正在整装待发，然而，他们行动的脚步却迟迟不能挪动，他们并没有抓住最好的时机。造成这一现象的原因就在于，在他们身上没有前进的动力，没有远大的抱负。

一块手表可能有着最精致的指针，可能镶嵌了最昂贵的宝石，然而，如果它缺少发条的话，它仍然一无用处。同样，人也是如此，不管一个年轻人受过多么高深的大学教育，也不管他的身体是多么地健壮，如果缺乏远大志向的话，那么他所有其他的条件无论是多么优秀，都没有任何意义。

有这样一些颇具才干的人，尽管年逾30，但仍然没有选择好一生的职业。他们说并不知道自己适合做什么。对于这样的人来说，即便是再怎么才华横溢，也会在漫无目的的东碰西撞中磨蚀了身上的锐气。

雄心抱负通常在我们很小的时候就初露锋芒。如果我们不注意仔细倾听它的声音，如果它在我们身上潜伏很多年之后一直没有得到任何鼓励，那么，它就会逐渐地停止萌动。原因很简单，就跟许多其他没被使用的品质或功能一样，当它们被弃置不用时，它们也就不可避免地趋于退化或消失了。

这是自然界的一条定律，只有那些被经常使用的东西，才能长久地焕发生命力。一旦我们停止使用我们的肌肉、大脑或某种能力，退化就自然而然地发生了，而我们原先所具有的能量也就在不知不觉中离开了我们。

如果你没有去注意倾听心灵深处"努力向上"的呼声，如果你不给自己的抱负时时鞭策加油，如果你不通过精力充沛的实践有效地对其进行强化，那么，它很快就会萎缩死亡。

没有得到及时支持和强化的抱负就像是一个拖延的决议。随着愿望和激情一次次地被否定，它要求被认同的呼声也越来越微弱，最终的结果就是理想和抱负的彻底消亡。

在我们周围的人群中，这种最后抱负消亡、理想灭失的人数不胜数。尽管他们的外表看来与常人无异，但实际上曾经一度在他们的心灵深处燃烧的热情之火现在已经熄灭了，取而代之的是无边无际的黑暗。他们在这块大地上行走，却仿佛只是没有灵魂的行尸走肉。他们的生活也就变得毫无意义。不管是对他们自己还是对这个世界，他们的存在都变得毫无价值。

如果说在这个世界上存在着一些可怜卑微的人的话，那么毫无疑问，那些抱负消亡的人是属于其中的一类——他们一再地否定和压制内心深处要求前进和奋发的呐喊，由于缺乏足够的燃料，他们身上的理想之火已经熄灭了。

对于任何人来说，不管他现在的处境是多么恶劣，或者先天的条件是多么糟糕，只要他保持了高昂的斗志，热情之火仍然在熊熊燃烧，那么他就是大有希望的；但是，如果他颓废消极，心如死灰，那么，人生的锋芒和锐气也就消失殆尽了。

在我们的生活中，最大的挑战之一就是如何保持对生活的激情，远离盲无目的的生活，坚定明确的奋斗目标，永远让炽热的火焰燃烧，并且保持这种高昂的境界。

有许多人往往以这种想法从心理上欺骗自己、麻醉自己。只要自己有乐观向上、期盼着实现自己的理想和抱负的想法，他们实际上就已经是达到了目标。但是，这种光说不做，或者做起事来拖泥带水的人，实际上只是在内心里担心成功的幻想被拿到现实中去检验。他们的等待一方面是打算多享受一会儿"可能成功"的幻想，另一方面是想有可能天降大运，自然功成。然而，天上只下过风雪雨雹，从来没掉过馅饼和大运。

理想和抱负是需要由众多的不同种类的养料来进行滋养的，这样才能使之蓬勃常新。空虚的、不切实际的抱负没有任何意义。只有在坚强的意志力、坚忍不拔的决心、充沛的体力，以及顽强的忍耐力的支撑下，我们的理想和抱负才会变得切实有效。

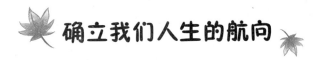

确立我们人生的航向

具有明确目标的人，无论在任何时候都会受到他人的敬仰与关注，这是生活中的一个真理。如果一艘轮船在大海中失去了舵手，在海上打转，它很快就会耗尽燃料，无论如何也到达不了岸边。事实上，它所耗掉的燃料足以使它来往于海岸和大海好几次。

同样是这样，如果一个人没有明确的目标，以及为实现这一明确目标而制定的确定计划，不管他如何努力工作，都会像一艘失去方向舵的轮船。辛勤的工作和一颗善良之心并不完全能使一个人获得成功，假使他并未在心中确定自己所希望的明确目标，他又怎能知道自己已经获得了成功呢？

如果我们将人生的成功比作一栋大厦的话，每栋高楼大厦耸立之前，一开始就要有一个"明确的目标"，另加一张张蓝图作为其明确的建筑计划。试想一下，如果一个人盖房子时，事先毫无计划，想到什么就盖点什么，那将会是什么样子。所以，在你计划你的成功时，20岁时最需要做的是：明确自己人生之旅的航向。

以下是拿破仑·希尔曾讲述的一个故事：

很多年前，有一位 20 岁的年轻人曾来找我商量。他表示，对于目前的工作甚不满意，希望能拥有更适合于他的终生事业，他极欲知道如何做才能改善他目前的情况。

"你想往何处去呢？"我这样问他。

"关于这一点，说实在的我并不清楚。"他犹豫了一会儿，继续回答道，"我根本没有思考过这件事，只是想着要到不同的地方去。""你做过最好的一件事情是什么呢？"我接着问他，"你擅长什么？"

"不知道，"他回答，"这两件事，我也从来没有思索过。"

"假定现在你必须要自己做一番选择或决定，你想要做些什么呢？你最想追求的目标是什么呢？"我追问道。

"我真的说不出来。"他相当茫然地回答，"我真的不知道自己想做些什么。这些事情我从未思索过，虽然我也曾觉得应该好好盘算这些事才对。"

"现在我可以这样告诉你，"我这么说着，"现在你想从目前所处的环境中转换到另一个地方去，但是却不知该往何处，这是因为你根本不知道自己能做什么、想做什么。其实，你在转换工作之前应该把这些事情好好做个整理。"

事实上，上述的例子正是大多数人失败的原因。由于绝大多数的人对于自己未来的目标及希望只有模糊不清的印象而已，因而通常到达不了目的地。试想，一个人没有目标，又如何到达终点呢？

后来，人们对这名年轻人进行了一番测验，分析的结果显示，他拥有相当良好、自己却浑然不觉的素质与才能，所缺乏的是供应他前进的能量。因此，人们教导他从信仰中取得力量。现在他已经能够满怀欣喜地迈向成功之路了。

经过这番测验，他已清楚了解自己究竟该往何处，以及如何才能到达该处。他也已明白何为至善，并期待达到这个目标。现在任何事物均已不可能对他构成障碍，而阻止他前进了。从现在开始，建立你发掘强项的目标，并期待至善的境界吧。

任何人如果能对自己的工作、身体及毅力都完全信任，且努力工作、全心投入的话，那么你已经找到了自己的强项，无论目标或理想如何遥不可及，你也必能排除万难，达成愿望。不过，在进行的过程中，有一件相当重要的事是——你想往何处去呢。只有知道终点所在，才能到达终点，而梦想也才会成真。此外，期待的也必须是确立的目标。可惜的是，一般人大多并未具备上述观念，因此很难实现真正的理想。毕竟没有清楚的追求目标，想要期待至善的结果出现，这简直是不可能的事。

目标，是一个人未来生活的蓝图，又是人精神生活的支柱。美国著名整形外科医生马克斯韦尔·莫尔兹博士在《人生的支柱》中说："任何人都是目标的追求者，一旦达到目的，第二天就必须为第二个目标动身起程了……人生就是要我们起跑、飞奔、修正方向，如同开车奔驰在公路上，有时偶尔在岔道上稍事休整，便又继续不断在大道上奔跑。旅途上的种种经历才令人陶醉、亢奋激动、欣喜若狂，因为这是在你的控制之下，在你的领域之内大显身手，全力以赴。"

一个没有目标的人生，就是无的放矢，缺少方向，就像轮船没有了舵手，旅行时没有了指南针，会令我们无所适从。

一个明确的目标，可令我们的努力得到双倍，甚至数倍的回报。而另一方面，如果目标太多，也会令我们穷于应付，觉得辛苦，并且令我们的努力得不到相应的回报，因为我们的努力不够集中。

古时候有一个财主，找一个部落首领讨要一块土地。部落首领给他一个标杆，让他把标杆插到一个适当的地方，并答应他说：如果日落之前能返回来，就把首领驻地到标杆之间的土地送给他。财主因为贪心，走得太远，不但日落之前没有赶回来，而且还累死在半路上。这个财主没有自己的目标，或者说目标不具体，所以失败了。

卡耐基就是一个很好的例子，当他决定要制造钢铁时，脑海中便不时闪现这一欲望，并变成他生命的动力。接着他寻求一位朋友的合作，由于这位朋友深受卡耐基执着力量的感动，便贡献自己的力量；凭借这两个人的共同热忱，最后又说服另外两个人加入行列。这四个人最后成为卡耐基王国的核心人物，他们组成了一个智囊团，他们四个人筹足了为达到目标所需的资金，而最后他们每个人也都成为巨富。但这四个人的成功关键并不只是"辛勤工作"，你可能已经发现，有些人和你一样辛勤工作——甚至比你更努力——但却没有成功。教育也不是关键性的因素，华尔顿从来没有拿过罗德奖学金，但是他赚的钱，比所有念过哈佛大学的人都多。

伟大的成就，源于对积极心态的了解和运用，无论你做什么事，你的心态都会给你一定的力量。抱着积极心态，意味着你的行为和思想有助于目标的达成；而抱着消极心态，则意味你的行为和思想不断地抵消你所付出的努力。当你将欲望变成执着，并且在设定明确目标的同时，也应该建立并发挥你的积极心态。但是，设定明确目标和建立积极心态，并不表示你马上就能得到你所需要的资源，你得到这些资源的速度，应视需要范围的大小，以及你控制心境使其免于恐惧、怀疑和自我设限的情形而定。

朋友们，如果你还没有一个明确的目标，那你就应该放下手上的一切其他事情，坐下来，认真思考一下适合自己的目标了。

另一方面，如果你的目标太多的话，只会令你眼花缭乱，你也得坐下来，把它们都写在纸上，然后逐个分析它们，将不重要的删掉，留下对你最重要也最适合你去发展和追求的目标。然后，就把它作为你的努力方向去奋斗吧。如果中间发现这个目标同你的大方向有出入，你可以随时中途调整你的目标。

目标是指想要达到的境地或标准，有了目标，努力便有了方向。一个人有了明确的目标，就会精力集中，每天想的、做的基本上都与之所要实现的目标相吻合，避免做无用功。为了实现目标，他能始终处于一种主动求发展的竞技状态，能充分发挥主观能动作用，能精神饱满地投入学习和工作，能够脱离低级趣味的影响，而且为达到目标能够有所弃，一心向学，因此，能够尽快地实现优势积累。这就像登泰山一样，漫无目标者是随便走走，一会儿参观岱庙，一会儿选几个美景摄影留念，东游西逛，还没有走到中天门天就黑了。相反，如果你把目标确定为尽快到达玉皇顶，你就会像参加登山比赛一样，中途无心四处张望、逗留，热闹、美景全不去看，甚至帽子被风刮跑了也不肯花费时间去捡，当然会比较快地到达极顶。

从实践看，往往是奋斗目标越鲜明、越具体，就越有益于成功。正如作家高尔基所说："一个人追求的目标越高，他的才能就发展得越快，对社会就越有益。"

公元前300多年，雅典有个叫台摩斯顿的人，年轻时立志做一个演说家。于是，四处拜师，学习演说术。为了练好演说，他建造了一间地下室，每天在那里练嗓音；为了迫使自己不能外出郊游，一心训练，他把头发剪一半留一半；为了克服口吃、发音困难的缺陷，他口中衔着石子朗诵长诗；为了矫正身体某些不适当的动作，他坐在利剑下；为了修正自己的面部表情，他对着镜子演讲。经过苦练，他终于成为当时"最伟大的演说家"。

我国东汉时期的思想家、哲学家王充，少年丧父，家里很穷，但他立志要学有所成。首先，他通过优异成绩获得乡里保送，进入了当时的全国最高学府——太学，利用太学里的藏书来丰富自己的头脑。其后，当太学里的书不能满足他而自己又无钱购买时，便把市上的书铺当书房，整天在里面读书，通过帮人家干零活儿来换取免费读书的资格。就这样，他几乎读遍了洛阳城的所有书铺。由于他积累了丰富的知识，终于成为我国历史上著名的学者，并写出了至今仍有重要价值的《论衡》。

明末清初著名的史学家谈迁，29岁开始编写《国榷》。由于家境贫困，买不起参考书，他就忍辱到处求人，有时为了搜集一点资料，要带着铺盖和食物跑100多里路。经过27年艰苦努力，《国榷》初稿写成了，先后修改6次，长达500多万字。不幸的是，初稿尚未出版却被盗了。这一沉重打击，令他肝胆欲裂，痛哭不已。然而这一打击却没有动摇他著书的雄心壮志。他擦干了眼泪，又从头写起。他不顾年老多病，东奔西走，历时八九载，终于在65岁时，写成了这部卷帙浩繁的巨著。目标会使我们兴奋，目标会使我们发奋，因为走向目标便是走向成功，达到目标便是获得成功。

成功是人的高级需要，世界上还有什么能比成功对人有更巨大而持久的吸引力呢？

认准一个目标不放弃

有这样一个现象：最著名的成功商人都是那些能够迅速果断作出决定的人，他们工作时总有一个明确的主要目标，他们都是把某种明确而特定的目标当作自己努力的重要推动之力。

同样，虽然 20 的人年龄不是很大，也许这个年龄的人还在通过学习来充实自己。但是，胸怀大志的人在这个时候就应当想想在这个世界上，究竟哪一种工作适合你，而且你一定可以在这方面做得更好。因此，你一定要努力寻找这种特别适合你的工作或行业，把它当作你明确的主要目标，然后集中你所有的力量，向它发起攻击，并确信自己一定会获胜。在你寻找最适合自己的工作的过程中，如果你能谨记下面这一事实，必然对你极有帮助：找出你最喜欢的工作之后，你极有可能获得很大成功，这是众人皆知的事实。一个人若能从事他可以投注全部心力的某种特别工作，他通常可以获得最大成就。

有人说：如果一个人一辈子只做一件事情，那样的话那件事情一定是一件精品，或许会流传下去的。

自然，一辈子只做一件事情，需要很大的勇气，很多的耐心，要耐得住寂寞。那样，你就要把眼睛死死地盯住你的目标。

古往今来，凡是有所作为的科学家、艺术家或思想家、政治家，无不注重人生的理想、志向和目标。何谓目标呢？它犹如人生的太阳，驱散人们前进道路上的迷雾，照亮人生的路标。目标，是一个人未来生活的蓝图，又是人的精神生活的支柱。

在科技发展的历史上，有很多著名人才都是眼睛紧紧抓住目标，达到把握机遇的目的。德国昆虫学家法布尔这样劝告一些爱好广泛而收效甚微的青年，他用一块放大镜子示意说："把你的精力集力放到一个焦点去试一试，就像这块凸透镜一样。"这实际是他个人成功的经验之谈。他从年轻的时候起就专攻"昆虫"，甚至能够一动不动地趴在地上仔细观察昆虫长达几个小时。

我国著名气象学家竺可桢是目标聚焦的践行者，观察记录气象资料长达三四十年，直到临终的前一天，他还在病床上作了当天的气象记录。

怎样才能让眼睛不离开目标呢？

一是要确定目标，二是要考察自己的长处和短处，结合自己的情况，扬长避短。

我国著名的科普作家高士其在他人生的艰难征途上走过 83 个年头。从 1928 年他在芝加哥大学医学研究院的实验室做试验，小脑受到甲型脑炎病毒感染起，他同病魔顽强地斗争了整整 60 年。在 1939 年全身瘫痪之前，他根据自己的健康状况和所拥有的较全面的医学、生物学知识，坚定地选择"科普"作为自己的事业。他是一位科学家，又成了一位杰出的科普作家和科普活动家。在全身瘫痪，手不能握笔，腿不能走路，连正常说话的能力也丧失，口授只有秘书听得懂的艰难情况下，从事科普创作 50 多年，用通俗的语言、生动的笔调、活泼的形式写了大量独具风格的科普作品。

目标聚焦，虽然方向正确、方法对头，但成功的机遇有时可能姗姗来迟。如果缺乏坚韧的意志，就会出现功败垂成的悲剧。生物学家

别让差不多害了你

巴斯德说过："告诉你使我达到目标的奥秘吧，我的唯一的力量就是我的坚持精神。"很多成就事业的人都是如此。如洪昇写作《长生殿》用 9 年，吴敬梓写作《儒林外史》用 14 年；阿·托尔斯泰写作《苦难的历程》用 20 年，列夫·托尔斯泰写作《战争与和平》用 37 年，司马迁写《史记》更是耗尽毕生精力，等等。我国古代著名医师程国彭在论述治学之道时所说的"思贵专一，不容浮躁者问津；学贵沉潜，不容浮躁者涉猎"，讲的就是这个道理。

驰名中外的舞蹈艺术家陈爱莲在回忆自己的成才道路时，也告诉人们"聚焦目标"的际遇："因为热爱舞蹈，我就准备一辈子为它受苦。在我的生活中，几乎没有什么'八小时'以内或以外的区别，更没有假日或非假日的区别。筋骨肌肉之苦，精神疲劳之苦，都因为我热爱舞蹈事业而产生。但是我也是幸福的。我把自己全部精力的焦点都对准在舞蹈事业上，心甘情愿为它吃苦，从而使我的生活也更为充实、多彩，心情更加舒畅、豁达。"

罗斯福总统夫人在本宁顿学院念书时，要在电讯业找一份工作，修几个学分。她父亲为她约好去见他的一个朋友——当时担任美图无线电公司董事长的萨尔洛夫将军。罗斯福夫人回忆说：将军问我想做哪种工作，我说随便吧。将军却对我说，没有一类工作叫"随便"。他目光逼人地提醒我说，成功的道路是目标铺成的！

记得著名哲学家黑格尔说过的一句话吧："一个有品格的人即是一个有理智的人。由于他心中有确定的目标，并且坚定不移地以求达到他的目标……他必须如歌德所说，知道限制自己；反之，那些什么事情都想做的人，其实什么事都不能做，而终归于失败。"

是的，机遇就在目标之中。用眼睛盯住目标，必须用理智去战胜飘忽不定的兴趣，不要见异思迁。正如美国作家马克·吐温所说的："人的思维是了不起的。只要专注某一项事业，那就一定会做出使自己都感到吃惊的成绩来。"

 认清自己心里所想要的

芸芸众生，成功者到底占1%还是不到1%，虽然我们无法统计这一数字，但他们有一个突出的特征——与他人截然可分。这就是生活的强烈方向性，即成功者始终携带着取得人生决战胜利的行动计划。

成功者无一不对自己随时随地的去向一清二楚。他们目标明确，也会付出切实的行动。知道自己要的是什么，也知道在哪里可以得到它。他们确定目标，同时又决定通向那个目标须走的道路。

目标的达到就是成功，我们每个人都一直在不断地实现自己的目标，因此，我们都可以不断地取得成功。

成功者很清楚，按阶段有步骤地设定目标是如何重要。所以，在这里我们提出，在你20岁的时候就可以作出以下的计划："五年计划""一年计划""六个月的目标""本年度的目标"，等等。

然而，成功者之所以成功，最重要的原则——成功是在一分一秒中积累起来的。许多人都把时间大把大把地扔掉了，扔在那些慢腾腾的动作中；扔在毫无意义的闲聊中；扔在查阅那些没用的资料中；扔在漫无目的的交往中；扔在发表那些众所周知论点的夸夸其谈中；

也扔在对那些微不足道的动作和事件的小题大作中；还扔在对琐碎小事无休止的无谓忙碌和"话匣子"一开就没完没了的过程中。这些人把时间不加考虑地用在了并不重要、也并不紧急的地方，而把真正与实现重要目标有关的活动排到次要地位。由于没有把计划的内容放在首位，所以即使辛辛苦苦制订了计划也不能执行，结果大多是失败了。

还有一些人，他们热衷于制定宴会计划，剪贴报纸，甚至制作赠送贺年片的朋友住所录。他们在这些事情上花费的时间，远比花时间订立人生计划要大方得多。

成功者每天的目标，至少要在前一天的傍晚或晚间制定出来，还要为第二天应该做到的事情排出先后顺序，至少要写出 6 个以上的明确顺序的内容。于是第二天清晨醒来，他们就按着事情的顺序，一一去身体力行。

每天结束时，他们再次确认这张目标表。完成的项目用笔划去，新的项目追加上去，一天内尚未完成的，顺推到下一天去。

如果你来到百货大楼，而你没有购物的预算限制，其结果会怎样？你漫步在商品琳琅满目的大厅里，电视里的广告宣传浮现到你脑中，眼前的新产品让你眩目，你的购买欲望在燃起。结果，你满载而归——手提包里装满了原来并没打算买，也不需要，甚至是你原来很反感的东西。

一个成功的目标，对自己和家庭，从现实到长远利益都应是周全的。

目标，应该是明确的。精神好像一个自动装置，一个自己不思考的计算机。它只执行你所决定的事项。如果不给它明确的信息，就不能有明确的机能和行为。

像"幸福""充足""健康"这样一些模糊不清的概念，计算机是无法遵照指令行事的。但是，如果你说每月收入 5000 元，买一个新的电脑，体重下降 5 公斤，或者在某年某月通过资格考试，它立即会对这些明确的目标产生反应。

那么，究竟怎样才能进行积极的"目标设定"呢？其秘诀就在于明确规定目标，将它写成文字妥善保存。然后仿佛那个目标已经达到了一样，想象与朋友谈论它，描绘它的具体细节，并从早到晚保持这种心情。

你的那部"自我意象"的自动机，它无法区别出真正的还是虚假的经验；是"正式上演"，还是"彩排"；是实际中体验的，还是想象的。所以不论你树立什么样的目标，好像那已经成了你生活中的一部分，不知不觉地向那个目标的方向前进。

人具有一种不知不觉地向自己所向往的形象运动的自然倾向。不知向何处漂泊的小船，风对它们也失去了含义。没有目标的人，犹如没有舵的船。"风吹来，有的船驶向东，有的船会漂往西。它们的航向不取决于风从哪里来，而在于船上的帆张向哪一边。"

这与我们的人生是何其相似。在人生的海洋上，流逝的时间像吹到船上的风，扬起风帆的只有我们自己。周围发生的一切，都无法代替我们去驾驶那只属于我们自己的小船。

别忘记牢牢地把稳你的船舵。制订了计划，势必推进它而不摇摆拖曳。一天有一天的目标，即刻行动起来。对确立的目标，坚定不移地执行到底。只要你能够这样每天"彩排"一遍，潜在意识就能自然接受它，使你一天天向理想的目标迈进。

你要把目光始终看着你自己和每个实现目标的自我意象。对今后人生，制订成功者的行动计划。你如能做到这些，你将立即赢得人生！

努力培养积极的心态

尽管人天生而来的性格具有很大的稳定性，但也不是不可改变的，只要有足够的恒心与信心，每个人都可以培养自身良好的个性。如果说个性生存的理论让我们第一次这么清晰地认识了自己，深刻地领悟到：命运实际掌握在我们自己手中，那么同时，我们还必须找到培养我们卓越个性的最佳途径，这样我们所做的一切才不是纸上谈兵，而是在现实生活中切实可行的。

个性塑造，并非是千篇一律地要将人们的种种个性都熔进一个模子里铸成一个模板来，使人人都一模一样。相反，我们是要提出人们个性的基本点、共同点，在人们知道自身、了解自身个性之后，去完善与提升自己的个性。

我们能做的仅仅是帮你奠定好个性的基石，帮你建构优良的个性架构，剩下的，靠你在生活与工作中自己去完善。

无论在任何情况下，都应具备积极心态。这种心态是由"正面"的性格因素，诸如"信心""正直""希望""乐观""勇气""进取心""慷慨""耐性""机智""亲切"以及"丰富的常识"等构成。

为了让你看出差异，我们来作比较，让我们来看一下消极心态会造成什么影响。消极心态会浇熄你的热忱，禁锢你的想象力，降低你的合作意愿，使你失去自制能力，容易发怒，缺乏耐性，并且使你丧失理性。

消极心态对你的破坏力是多么巨大，它让你最好还是待在家里，别出来与人接触。消极心态只会为你树立敌人，并且摧毁你的成就，离间你的朋友。

积极的心态将为你开启一扇门，并给你展现技巧和雄心壮志的机会。

积极心态也是其他各种个性的构成要素，了解和应用其他个性，将会强化你的积极心态。

有了积极的心态是不够的，我们还需要坚定的信心。

有人问球王贝利："您最得意的进球是哪一个？"贝利乐观自信地说："下一个！"就是这不满足于现状的"下一个"，使球王贝利数十年在球场驰骋，踢出了一个比一个更精彩的进球，成为饮誉世界的"球场王子"。可以看出，乐观自信能使人树立更高的目标，去战胜巨大的困难，取得最终的胜利，所以爱默生说："自信是成功的第一秘诀。"居里夫人也曾说："我们要有恒心，要有毅力，更重要的是要有自信心。"

无数自然科学秘密的发现都是由乐观自信推动的，许多重大的发明都离不开这种执着和勇气，跌倒了再爬起来，失败了再来一次，挫折挡不住不屈者前进的道路，成功的脚本要靠你自己去写。

著名的莱特兄弟初次飞行时，曾被人讥笑是异想天开。但莱特兄弟充满信心地说道："即使上天的梦想永远是一个梦，我们也要在梦中像鸟儿一样离开大地，到湛蓝的天空中飞翔。"

一次次地试验，一次次地失败，莱特兄弟的耐心被考验到了极点。当又一次看到飞行器刚刚离开地面就又被撞得粉碎时，莱特兄弟再也承受不住了，当着讥讽他们的飞行器是"永远飞不起的笨鸭"的人而流下了眼泪。但当他们执手相拭泪眼时，他们竟又同时说："兄弟，让我们擦干眼泪再来一次，我想我们最终会成功的。"

终于，飞行器平稳地离开了地面。尽管只是短短的几十秒钟，但从此人类像鸟儿一样在天空中飞翔的梦想，已经变成了可触摸得到的现实。从这一刻起，人类不再徒羡鸟儿的自由。

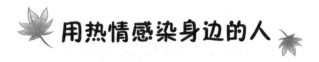

用热情感染身边的人

卡耐基的办公室和家里都挂着一块牌匾，麦克阿瑟将军在南太平洋指挥盟军的时候，办公室里也挂着一块牌匾，他们两人的牌匾上写着同样的座右铭：

你有信仰就年轻，

疑惑就年老；

你自信就年轻，

畏惧就年老；

你有希望就年轻，

绝望就年老；

岁月使你皮肤起皱，

但是失去快乐和热情，

就损伤了灵魂。

这是对热情最好的赞词。

如果能培养并发挥热情的特性，那么，无论你是个挖土工还是大老板，你都会认为自己的工作是快乐的，并对它怀着深切的兴趣。无论有多么困难，需要多少努力，你都会不急不躁地去进行，并做好想做的每一件事情。

热情不是一个空洞的词，它是一种巨大的力量。热情和人的关系如同蒸汽机和火车头的关系，它是人生主要的推动力，也是一个普通人想要生活好、工作好的最关键的心态。

或许你总是在想自己是一个各方面能力都一般化的人，经常用"我是一个普通人"的借口来原谅自己。假如你有这样的想法，那么你就要小心了，这样的心态会使你在还没有努力之前就已经失败，它是阻碍你获得幸福的最大障碍，在你与成功和金钱之间隔了一道厚厚的墙。

只要你确立的目标是合理的，并且努力去做个热情积极的人，那么你做任何事都会有所收获。

热情的心态可以补充精力的不足，发展坚强的个性。有些人很幸运，天生就是个乐观向上的人，而有些人却需要通过后天培养来获得。

培养良好的心态并不难，首先要选择你最喜欢的工作和最向往的事业。如果由于种种原因，你不能从事你喜欢的工作，那就把你想做的工作当作未来的目标吧。

爱德华·亚皮尔顿是一位物理学家，发明了雷达和无线电报，获得过诺贝尔奖。《时代》杂志曾经引用他的一句话："我认为，一个人想在科学研究上取得成就，热情的态度远比专门知识更重要。"

这句话若是出于普通人之口，可能不会被人重视，但出自于成功者之口，那就意义深远了。既然对从事严谨科学研究的成功者来说，热情都那么重要，那么对从事一般工作的普通人来讲，岂不是应该占有更重要的位置？

拥有热情进取之心，是掌握方法，走向成功的第一步。

理想就是成功的灯塔

一个建筑工地上有三个工人在砌一堵墙。

有人过来问："你们在干什么？"

第一个人没好气地说："没看见吗？砌墙。"

第二个人抬头笑了笑说："我们在盖高楼。"

第三个人边干边哼着歌曲，他的笑容很灿烂："我们正在建设一个城市。"

十年后，第一个人在另一个工地上砌墙；第二个人坐在办公室里画图纸，他成了工程师；第三个人呢，是前两个人的老板。

三个原本是一样境况的人，对一个问题的三种不同回答，展现了他们不同的人生理想。十年后还在砌墙的那位胸无大志，当上工程师的那位理想比较现实，成为老板的那位志向高远。最终他们的理想决定了他们的命运：想得最远的走得也最远，没有想法的只能在原地踏步。

理想是人类特有的精神现象，是同人生奋斗目标相联系的有实现可能的想像，它反映了人们对美好未来的向往和追求。理想是人生奋斗的目标，是人力量的源泉，是人精神上的支柱。一个国家、一个民族不能没有远大的、被大多数人信仰的共同理想，否则就会形同一盘散沙，没有凝聚力、向心力，哪里还谈得上国家的强盛，民族的振兴？一个人同样不能没有理想，否则就会失去精神动力，不可能成为高素质的优秀人才。

理想是与一个人的愿望相联系的，是对未来的一种设想，它往往和目前的行动不直接联系。但理想又不能脱离现实的生活，现实生活中的某些现象如果符合了个人的需要，与个人的世界观一致，这些现实的因素就会以个人理想的形式表现出来。理想总是对现实生活的重新加工，舍弃其中某些成分，又对某些因素给予强调的过程，但它必须以对客观规律的认识为基础，符合客观规律。

能实现自己理想的人，对他个人而言，他是一个成功者，也是个幸福者。理想是成功的必要条件，但是仅仅拥有理想，你不一定能得到成功；不过如果没有理想，成功对你而言就无从谈起。

远大的美好理想能吸引人努力为实现它而奋斗不止。每当你懈怠、懒惰的时候，理想会犹如清晨叫早的闹钟，将你从睡梦中惊醒；每当你感到疲惫、步履沉重的时候，理想就似沙漠之中生命的绿洲，让你看到希望；每当你遇到挫折、心情沮丧的时候，理想又犹如破晓的朝日，驱散满天的阴霾。在理想的驱策下，人们能不断地激励自己，获得精神上的力量，焕发出超强的斗志。能执着于自己理想的人是不可打败的。

远大的理想是你伟大的目标。仅仅拥有理想，你不一定能成功；但如果没有理想，成功对你而言就无从谈起。

第**九**章

直面差不多的目标，你更要深谋远虑

　　远见能让人做人做事有备无患，一个有远见的人常常能够处事不慌不忙，如果一个人只是怀揣着一个差不多的目标而缺乏远见，那么，目标最终也只会变成一纸空文，他所失去的一切要比获得的多得多。

凡事都要预先准备

一位太太为了熬出一锅好汤，于是邀请邻居的太太来家里指导。她买齐了材料，准备生火烧水，邻居太太却说："这个不锈钢锅不适合熬汤，你还是再去买一个陶锅，熬出来的汤会美味一些。"

然后，她匆匆忙忙地卸下了围裙，跑去买陶锅。

陶锅很快就买来了，这位太太正要烧水，邻居太太却说："我想起来了，我有一组餐具很配这个陶锅，等我一下，我回家找找去。"

然后，她急忙跑回家翻箱倒柜，满身大汗地把餐具拿过来。

正当烧水之际，邻居太太又看了看准备入锅的材料，摇了摇头说："不行，这肉片切得太大了，不容易入味，我得把它切小块一点才行。"

好不容易拿出了菜刀，才切没两三下，邻居太太又说了："这菜刀不利了，得赶紧磨一磨才好。"

于是，她丢下菜刀，回家去把磨刀石拿过来。等到磨刀石拿来以后，她又发现，要磨利刀子，必须用木棍固定一下才方便，所以她又连忙出外寻找木棍，找了好半天都不见踪影。

在家里等待的这位太太只好先把材料下锅，一边煮一边等。直到邻居太太气喘如牛，手里拿着木棍跑回来时，锅里的材料早已熟透，可以开始大快朵颐了。

看完这则故事之后，你一定在偷笑，天底下怎么会有像邻居太太这么愚笨的人啊！

事实上，我们虽然不至于像邻居太太做出这么多愚蠢的事，但是很多时候，我们也犯了和邻居太太一样的毛病，事先没有做好充分准备，而待需要的时候却临时急抓，不只多费力气，而且也并不见得能讨好，更多的只会延误时间，误事误人。

歌德曾说："决定一个人的一生，以及整个命运的，只是一瞬之间。"

那"一瞬之间"指的是你做事的态度、做事的方法。很多人都有相同的目标，却常常因为选择的道路不同，走路的方式不同，结果也有了天壤之别。

阿明和几个朋友聚餐，每个人都大发牢骚，感叹生活中的不顺遂，抱怨自己的机运太差或机会太少。

这时，有位学长对他们说了一个自己的故事。

这位学长刚毕业那年，很快就找到工作，但是没过多久，他便开始对工作产生倦怠。

当时，心情不好的学长，为了纾解自己的情绪和压力，常常会带着鱼竿到湖边钓鱼。

但是，换了好几个地方，他都没有获得好成绩。于是，他的鱼篓子越换越小，最后只见他拎着一把钓竿和鱼饵就出门了。

有一天，钓鱼技术不如他的同事老王，约他一同去钓鱼，老王拿了一个大鱼篓，当他看见学长几乎两手空空，便塞给他一个小鱼篓。学长摇了摇手，对老王说道："不用啦，我每次都钓不到两条鱼，用手拿就够了。"

但是没想到，这天却出乎意料，他们竟然遇上了丰富的鱼群，鱼饵几乎都来不及装，那些大鱼小鱼可说是一条接着一条地甩上岸。

学长的鱼饵很快就用光了，幸亏老王带了许多鱼饵来。

学长看着老王装得满满的大鱼篓，自己只能用柳条绑住几条，不得不放弃仍在地上活蹦乱跳的鱼儿，为此懊恼不已。

当大家听完学长的故事时，什么感想也没有，反而扯开话题，嘲笑学长都35岁了，还想考研究生，未免太晚了。

几年之后大家再次聚会，有人苦撑着小生意，有人勉强自己在不喜欢的工作环境中苦闷度日。至于学长，知道讯息的朋友们说，他不仅拿到博士学位，现在更是许多公司挖角的对象。

当大家羡慕之际，阿明这才想起学长说的那个"鱼篓子"故事，原来是有特别涵义的！

这个故事的涵义是什么呢？

我们总是怪东怪西，却从来不怪自己。

机会永远只留给有准备的人，所以每当我们在抱怨运气不佳的时候，不要只顾着埋怨别人不给自己机会，看一看自己的鱼篓是否够大，有没有破洞；也许不是池塘里的鱼儿太小或鱼群不多，才装不满你的鱼篓，而是你的篓子破了个大洞，让鱼儿全溜走了。

钓鱼的工具准备齐全了吗？

工具不怕多，就怕鱼群来的时候，你正好缺了一个鱼篓子。

与其羡慕别人收获满满，不如自己早作准备。

有备才能从容应对变化

　　做事之前都要先有一个计划，而准备工作就是计划的第一步，有了准备，才能开始完成梦想的步骤，才能因应工作过程中的种种变化。所以，我们不应该将计划视为一种束缚，而是把计划当成一种规范，再跟着环境的变动逐步地调整与修正。

　　如此一来，成功的几率绝对比跟无头苍蝇一样到处碰壁要大得多，而且更能避免走许多无谓的冤枉路。

　　一对隐居山野的夫妇，长年以来，一直远离都市，自给自足。

　　一天中午，妻子突然想吃鱼，于是吩咐丈夫利用下午的闲暇时间去河边钓鱼，这么一来，晚餐时就可以吃到又新鲜又美味的鱼料理了。

　　妻子一面盘算着晚上的菜色，一面备妥用具，催促着丈夫赶紧去钓鱼。

　　到了傍晚的时候，丈夫垂头丧气，两手空空地回到家里，妻子发现了丈夫这副狼狈的模样，焦急地问："你上哪里去了？怎么一条鱼也没带回来呢？"

　　丈夫边擦汗边说："别提了，现在的鱼可真狡猾，我在河边等了一个下午，不但没有钓到半条鱼，鱼饵都还被偷吃光了呢！累得我满身大汗，快把我给气死了。"

　　妻子听了半信半疑，这条河的鱼量向来丰富，怎么突然间连一条鱼也不上钩呢？

　　于是她拿起了鱼竿，仔细地看了看说："难怪呢！鱼钩都已经歪了，你怎么连这都没发现呢？怪不得蹲了一下午，连条鱼也钓不到，这个鱼钩根本没有作用了嘛！赶紧换上一个新鱼钩，我们很快就会有鱼吃了。"

丈夫没有找出问题的症结，因此忙碌了半天，也只是徒劳无功而已。像这样的情况屡见不鲜，你我都曾碰到过，没有做好准备，忙了半天也还是一场空。

问题的症结其实并不是什么难懂的道理，明眼人一眼就能看穿，却因为我们粗心大意，得过且过的态度，不但不能明察秋毫，还如同瞎子摸象，摸得一头雾水，耽误了别人也耽误了自己。

"工欲善其事，必先利其器"，在开始做一件事之前做好万全的准备吧！多花一点心血，也许可以省去更多汗水。

 # 深谋远虑方成就大业

俗语云"人无远虑，必有近忧。"

站得高，看得远，对事物发展趋势作出科学预见，这是决策者应具备的素质之一。

在美国有一家田纳西锡制品公司，它的成功与发展就是这样一个图谋致远的优秀范例。

田纳西锡制品公司制造并销售各种锡制品，包括客厅摆设、餐桌用具、装饰品、玩具等。公司创办人卡尔·邓恩通过制定一系列策略，使得公司逐渐在市场中立稳脚并获得了长足的发展。

公司取得一笔政府经济发展贷款后，从新英格兰诸州分别买来各式机器用具，如青铜模型、钢制卡盘、切削车床、铸造用具等。人员培训用了 6 个月。正式生产后的 8 个月里，平均每月销售额 4000 多美元。生产问题基本解决了，但面临着推销产品的困难局面。公司的计划是尽快达到年销售额 10 万美元。可是如何着手呢？

美国建国 200 周年大庆之后，人们重新燃起了思古幽情。（所谓的古，在美国这个年轻的国度里，无非指的是 18 世纪末美国独立战争前后一段历史时期）锡制品为主的各式"仿古"摆设、器皿、装饰重新受到欢迎，市场销售总额迅速上升。过去 4 年中销售总额的年增长率，根据产品品种不同，都在 10% ~ 20% 之间，增长率相比于大多数工业制品算是够快的。行业市场预测以后每三四年销售总额将会翻番，亦即每年增长率在 18% ~ 24% 之间。

关于锡制品市场的资料并不充分，因为市场相对较小而且发展显然很快。就现有资料来看，两家最大的制造销售厂家当推马里兰州巴尔的摩市的斯蒂夫公司和康涅狄格州梅里登的国际公司。其次是马里兰州安妮公主镇的外国顾客服务公司。第四家大公司是康涅狄格州的伍德伯里锡·制品公司，再有就是该州的鲍德曼公司。美国锡·制品市场除上述五家较大公司外，尚有女王艺术品、帝国、花园等六家公司，销售额少的 20 万美元，多的 30 万美元不等。由此可知田纳西锡·制品公司面临的竞争局面和起步的艰难。

田纳西锡制品公司在最初形成产品系列过程中，继承了传统的设计和古典的形象。起初推出的 42 个产品尤其侧重历史上沿袭下来的产品特点和适应现代社会生活的实用性，既千姿百态又使用方便，既古朴典雅又大方俊秀。

但另一方面，田纳西锡制品公司的产品系列集中表现了小生产经营模式的脆弱，缺乏适应现代化大生产的独创意识、独有产品和服务。创新时效差本来不是锡·行业的主要问题，田纳西锡制品公司这方面的缺陷是传统继承特色不够浓，传统基础上的创新产品数量少，创新技艺水平也无明显体现。产品制作方面如此，销售服务方面尤显乏力。

该公司没有安排过公共媒介广告运动。寄给销售代理的所谓促销宣传品，只不过是几张画有几种产品的白纸，旁注名称和代号，外加一句"款到立即发货"。其实这一句也是空话，因为许多拟议中的客户回寄的只是"留待将来交付的订货"单子，公司无法据此提供迅速而又完整的发货业务。另外，未能及时发货使得数宗大笔买卖也付之东流。

价格政策也是田纳西锡制品公司面临的一大棘手难题。邓恩的"价格政策"实际上非常简单、原始，最高愿望是在成本基础上加收50%作为销价。这一比例本来是许多行业的标准做法，但邓恩的关键问题是他并不清楚自己产品系列的成本细节，所谓价格政策其实是跟在市场同行公司的后面低价竞争，难以摆脱被动局面。

田纳西锡制品公司今后三至四年的主要目标，是形成紧凑高效的生产能力，建立逐渐扩大销售的代理网络，期望销售总额增长率每年达到20%。经过核算和咨询，邓恩认为应该做的三件主要工作按顺序应是销售代理网，产品质量关和生产效益关。如果指望公司稳定发展，原定每年销售10万美元远远不够，而应定为每年15万美元。

田纳西州立大学工业服务中心为邓恩的公司提供咨询，内容包括锡制品市场总的局势，田纳西州孟菲斯市经营田纳西锡制品公司产品的零售商的意见综合，以及工厂终极产品在各地销售处的存货情况，最初8个月中各个产品系列的销售情况分析报告等。

邓恩采取的这众多与众不同的策略，使得田纳西锡制品公司迅速适应市场，并及时做出反应。经过几年的发展，田纳西锡制品公司在锡制品领域已站稳了脚根，成为一支不可忽视的力量。

辩证法告诉我们，要用发展的眼光看问题，作为有志成功的人更应目光长远，具有强烈的忧患意识，只有这样，才能做到深谋远虑，神机妙算。

 # 不要带着空枪就上路

猎人带着他的袋子、弹药、猎枪和猎狗出发了。虽然人人都劝他在出门之前把弹药装在枪筒里，他还是带着空枪走了。

"废话，"他嚷着，"以前我没有出去过吗？而且不见得我出生以来，天空中就只有一只麻雀呀！我走到那里，得一个钟头，哪怕我要装100回子弹，也有的是时间。"

然而，他还没走过沼泽地，就发现一大群野鸭密密地浮在水面上，我们的猎人一枪就能打中六七只，毫无疑问，够他吃一个礼拜的，如果他出发前装了子弹的话。

现在他匆忙装上子弹，野鸭已经发出一声叫唤，一齐飞起来了，很快就看不见了。

糟糕的是，天空又突然下起雨来。猎人浑身都是雨水，袋子空空如也，只好拖着疲惫的脚步回家去了。

别让差不多害了你

成功的事每天都会发生。成功的人每天都有事做。今天的事是新鲜的，与昨天的事不同，明天也自有明天的事。所以今天的事，千万不要拖延到明天。今天的枪膛也千万别让它空着。

有两个村庄位于沙漠的两端，若想到达对面的村庄，有两条路可行。

一条要绕过大漠，经过外围的城市，但是得花20天的时间才能到达；如果直接穿过大漠，只要三天就能抵达。

但是，穿越沙漠却很危险，有人曾经试图横越，却无一生还。

有一天，有位智者经过这两个村落，他教村里的人们找许多的胡杨树苗，每一公里便栽种一棵树苗，直到沙漠的另一端。

这天，智者告诉村里的人："如果这些树苗能够存活下来，你们就可以沿着胡杨树来往；若没有存活，那么每次经过时，就记得要把枯树苗插深一些，并清理四周，以免倾倒的树木被流沙淹没了。"结果，这些胡杨树苗种植在沙漠中，全被烈日烤死，不过却也成了路标，两地村民便沿着这些路标，平平安安地走了十多年。

有一年夏天，一个外地来的僧人，坚持要一个人到对面的村庄去化缘。

大家见无法阻止，便叮咛他说："师父您经过沙漠的时候，遇到快倾倒的胡杨时一定要向下再扎深些，如果遇到将被淹没的胡杨，记得要将它拉起，并整理四周。"

僧人点头答应，便带着水与干粮上路了。

但是，当他遇到将被沙漠淹没的胡杨树时，却想："反正我只走这么一趟，淹没就淹没吧！"

于是，僧人就这么走过一棵又一棵即将消失在风沙里的胡杨，看着一棵棵被风暴吹得快倾倒的树木一一倾倒。

　　然而就在这个时候，已经走到沙漠深处的僧人，在静谧的沙漠中，只听见呼呼的风声，回头再看来时路，却连一棵胡杨树的树影都看不见了。

　　此刻，僧人发现自己竟失去方向了，他像个无头苍蝇似地东奔西跑，怎么也走不出这片沙漠。

　　就在他只剩下最后一口气时，心里懊恼地想："为什么不听大家的话？如果我听了，现在起码还有退路可走。"

　　留条后路，不是让自己有遁逃的机会，而是让我们重新起步时，能够看见前路的错误足迹，记取教训，不再重蹈覆辙。

　　然而，多数人都不懂得记取教训，即使前人已经有过失败的经验，他们仍然喜欢让自己撞得鼻青脸肿，然后才惊呼说："没想到是真的！"

　　人类的经验是靠时间累积，再经过长时间的去芜存菁得来的。所有长者的智慧与建言，我们都不能视若无睹，那些都是我们绝佳的成功秘籍。

　　待人接物也是如此，凡事都要以宽容的心胸为自己预留一条退路，人情留一线，日后好相见，不是吗？

远见等于成功的保险

　　苏秦和张仪都是鬼谷子的学生，苏秦比张仪还要早出道。当苏秦提出"合纵"之策，取得了各方诸侯的信任，身挂六国相印，声名响叮当的时候，张仪却还是个默默无闻的穷书生，尽管如此，在苏秦的眼中，张仪绝对是个不出世的人才，迟早都会冒出头来。

在苏秦声望如日中天的时候，唯一担心的是秦国这个难缠的国家，为了避免秦国离间各个诸侯，破坏他苦心经营的六国联盟计划，苏秦可以说是绞尽脑汁，最后决定运作一个人去当秦国宰相，以利于操控，而张仪便是他口袋中的最佳人选。

当然，这种预先"埋暗桩"的做法并不容易，必须有精妙的安排。于是，苏秦先派人去游说、设计张仪，让张仪为了功成名就，而主动来求见他。结果，张仪真的来到了赵国，想要求见苏秦。

在苏秦的布局中，他事先交代守卫，不要为张仪通报，但也要想办法不要让张仪马上离开。

经过几天的冷处理，苏秦才让张仪见到自己。但是，见面时，苏秦却又故意摆高姿态，一副爱理不理的模样，让张仪在堂下如坐针毡；到了吃饭的时候，苏秦更随随便便地吆喝他去跟奴仆坐一块儿。

眼看张仪快要气炸了，哪还吞得下一口饭，苏秦立刻再将激将气氛拉到最高点，以很不屑的口吻对他说："以你的才能，竟然贫困、卑贱到这种地步，实在是难以想像。"而且还火上加油地说："以我目前的身份地位，当然有办法一句话就让你马上富贵临门，但是看到你现在的样子，我认为实在不值得我这样做。"说完，便下逐客令，要张仪立刻滚蛋。

经过这一番羞辱，张仪当然是气得说不出话来，恨不得马上给苏秦一刀，不过理智告诉他，君子报仇，十年不晚，心想只有秦国才有办法制伏赵国，于是便打算进入秦国寻找机会，以便他日报苏秦一"辱"之仇。

就在张仪气冲冲掉头走人的时候，苏秦早已安排好，向赵王请求配合，让他的一名亲信跟随在张仪左右，而且还送了一套车马和很多金钱，方便张仪四处打点。

就这样，张仪很快便见到了秦王，没多久，也如愿以偿地得到了礼遇与信任，而且还进一步讨论到如何攻伐诸侯的策略。

这个时候，苏秦派来的那名随护，觉得任务已经达成，便向张仪告辞，准备要回赵国去。张仪不舍地说："我靠你的帮忙，才有机会出头，正想要报答你的知遇之恩，为何现在就要回去呢？"

这名随护随即回答说："我并不了解你，了解你的是我的主人苏秦。现在老实告诉你好了，苏秦是因为担心秦国攻伐赵国，破坏他的合纵之策。更重要的是，他认为你具有足够的才识，可以掌握秦国的大政，所以才故意激怒你，让你投奔秦国。而资助你的那些钱财，也都是苏秦吩咐的。现在，我的任务已经完成，要回去交差了。"

张仪这时才恍然大悟，并感叹地说："我被苏秦掌握在股掌之间，却不自知，显然我的才能并不如苏秦，如何打得过赵国呢？"张仪便要这名随护，回去后代他向苏秦表示感谢，同时捎了口信向苏秦保证，在苏秦担任赵国宰相期间，秦国绝不攻打赵国。就这样，在苏秦担任赵国宰相期间，张仪果然都未曾计划攻打赵国。

苏秦是否真有如此"通天本领"，将世局的"轨迹"掌握得如此精准，几近左右历史的走向，不无疑问，但他这段识人、识才的故事，的确发人深省。

大人物，做大人物的事，平凡人走平凡人的路。人世间的是是非非、因因果果，尽管错综复杂，却也不是毫无轨迹可寻。如果愿意费心体察，或许就容易看得见它的细微之处，或者是隐而未发的轨迹；而掌握得愈深入、愈贴近，也必然较有趋吉避凶或主宰未来的能力与机会。看得远，做人圆，等于买保险，不是吗？

当然，如果不用功，凡事又是抱着水来土掩、谁怕谁的老大心态，根本是一种偷懒、鸵鸟的行为，如此，常常跌得鼻青脸肿，也不是一件令人意外的事。

要成功，看来，仍然少不了一番对于人情世故的精算功夫。

有一天夜晚，京城某个富有人家，遭到了一群蒙面盗贼洗劫，当盗贼远走后失主却捡到了一本盗贼遗失在现场的笔记本。经过失主细细一看，发现原来上面记载着一些富贵人家子弟的姓名，而且旁边还加注"某日某甲在哪里和谁饮酒作乐"，或者是"某日某乙到哪里赌博、嫖妓"……等等共20条。

天亮后，失主迅速将笔记本交给官府，官府认定这应当是盗贼不小心自曝身份的线索，于是就按照笔记本上所列的名字，一一将他们捉拿到案。经过审问，发现全都是平日无所事事的纨绔子弟，而笔记本所登载某甲、某乙等一干嫌犯，某日到哪里喝酒、嫖妓等等事项也都是事实。

这群浪荡少年，虽然极力否认犯案，但由于平日素行不良，官府认为一定是推托之辞，不予采信，不但一口咬定他们就是当天做案的盗贼，连家长们也哑口无言，认为应该就是这些不肖子弟所干的好事。

经过一阵严刑逼供后，这群纨绔子弟个个惨不忍睹，最后纷纷承认做案。不过，所盗财物到底藏在何处，竟然供词不一，这让官府有些困惑，再经多日审讯，强力逼供后，少年们终于说是埋在郊外某处。

经过挖掘，果然在该地取出赃物。由于罪证确凿，全案至此，可算告一段落，少年们当然是相顾痛哭失声，大喊："天灭我也！"

　　不过，整个办案过程，一位协办官员却产生疑问，只是理不出问题出在哪里。经过他仔细推敲，却发现官府中的一位马夫，审理别的案子从未出现，审这个案子时，却每审必到，而且神色有些不自然。

　　于是，他就将这名马夫召来问话。这名马夫起先并不肯透露实情，经过他一番技巧性的威胁利诱后，才突破心防，说出自己被真正盗贼收买的经过。原来，那群盗贼要他将本案官员与少年之间的问答，向他们报告，并且在得知少年瞎说赃物埋藏地点后，迅速将一小部分赃物埋在该地，以顺利嫁祸。

　　最后，马夫也供出他与这群窃贼的联络地点，这位官员随即将他们逮获归案，洗刷了这群浪荡少年的不白之冤。

　　经过调查，所有人万万也没想到，整个事件竟然是一群盗贼精心策划的"杰作"。从平日偷偷登载少年行踪，到故意遗失笔记本以便嫁祸，到收买马夫，熟知供词、审判过程等等，无一不是步步高明的脱罪棋局。

　　还好，有一位明察秋毫、法眼明亮的官员，否则，这群浪荡少年，岂不成了百口莫辩的无辜羔羊？

　　以这群盗贼来说，厉害的地方，不在于成功地偷到东西，而在于精密的嫁祸安排，尽管百密一疏，仍不能否认他们具有高度的"科学精神"。这正是犯罪没什么，脱罪才厉害的最佳写照。

　　先做好撤退计划，再进行攻击，确保万无一失，进退自如，即使是最高明的沙场战将，恐怕也不过如此。

　　引申到正面的人生来看，创业成功固然很重要，但如何经营顺利、稳当获利，才是重点。学生读书、考上学校很重要，但如何获得知识、发挥所长更重要。买到中意的房子很重要，但如何确保安全更重要。

男婚女嫁很重要，但如何维持婚姻长久和谐更重要。

总之，一个成功的拳击手，必先培养经得起挨打的能力，攻击时才更有后盾；起起伏伏的人生战役，得先有稳当的后路考量与安排，才不容易在挫折时一蹶不振！不是吗？

放眼长远，获得机遇

知迂直之计者胜。我们在复杂的事物面前，倘能做到"权轻重""计迂直"，认识矛盾，使矛盾向有利的方向转化，走一步，看两步，想三步，步步紧扣目标，运用你狐狸般狡猾的脑袋，调用你聪明的才智，变迂曲为近直，就一定可以走向成功。

能不能做到放眼长远，预见未来，对于一个要想取得成功的人来说，无疑是重要的。"明者远见未萌"。高明的人远见卓识，知迂直之计，善于变化万端，捕捉机遇。

《孙子·军争篇》说："军急之难者，以迂为直，以患为利"，"先知迂直之计者胜。"这就是说，"与人相对而争利，天下之至难"，而"天下之至难"中又以"知迂直之计"为最难。如果把这里的"争利"理解为"争机遇"的话，能把握谋划迂直关系的人就能获取机遇。所谓知迂直之计，就是要懂得以迂为直的办法，这个计谋表面上看走了迂回曲折的道路，实际上是为获得机遇、更为直接更为有效更为迅速地取得成功创造条件。

日本专家村山孚先生谈《孙子兵法》在企业管理中的运用时，旁征博引，曾把中国二万五千里长征作为我们党施行的第一个迂直之计。他认为开始是由于"领导人犯了错误，这不是好事"，但"推选了新的领导人走完了二万五千里长征，把坏事变成了好事"。第二个迂直之计是西安事变，"把蒋介石杀了是眼前利益，放了，牺牲眼前利益却得到抗日的胜利"。第三个迂直之计是放弃延安。"看起来失去了一些城市，但从长远来看，获得了全国的解放"。他最后认为："中国的调整方针，从大局从长远利益来看，也是迂直之计。"

我们认为曲中见直、直中见曲，是放眼长远的第一个问题。什么是曲中见直、直中见曲？列宁说过："人的认识不是直线（也就是说，不是沿着直线进行的），而是无限地近乎于一串圆圈，近乎于螺旋的曲线。这一曲线的任何一个片断、碎片、小段都能被变成（片面地变成）独立的完整的直线。这条直线能把人们（如果只见树木不见森林的话）引到泥坑里去，引到僧侣主义去，在那里统治阶级的阶级利益就会把它巩固起来。"

迂直相间，是建立在对客观事物深刻分析基础之上的。分析要深刻，需要观察，在长期的观察后，"吹糠见米"，伺机而动。

企业管理中，充满着曲中有直、直中有曲的事。在经营实践中，古代商贾、现代企业家创造了不少运用迂直之计的好经验。这些经验有的已结晶为经营谚语、格言在经营界流传着，如"为了明年多得利，宁愿今年少受益"，对新产品实行"扶上马，送一程，服务到家门"，"三分利吃利，七分利吃本"等等。

美国贝尔电话公司前总裁费尔，是位眼光长远的企业家。由于他的远见卓识，使得贝尔电话公司成为世界上最具规模、成长最快的民营企业。费尔在担任该公司总裁的 20 年内，成功地作出了四项关系到贝尔公司生存与发展，并使它能在种种风险中飞速成长的正确决策。这四项决策是：一，提出所谓"贝尔公司以服务为目的"的口号；二，实行所谓"公众管制"；三，建立贝尔研究所；四，开创一个大众资金市场。费尔的这四项决策，都不是解决当前需要的"对症良药"，而是着眼于未来的创造性大决策。这些决策同当时"众所周知"的看法大相径庭，引起了人们极大议论，费尔本人甚至遭到贝尔公司董事会的解聘。然而，若干年后，费尔的四项大决策，实际上正好对付贝尔公司遭到的特殊困难，使贝尔公司获得了惊人的成功。当时，能否向顾客提供最佳服务成了企业能否继续发展的重要问题，而费尔提出的"以服务为目的"的口号，以及为此制定的提高服务质量，衡量服务程度的措施，使贝尔公司能顺应时代的要求。当时，美国发出了将电话收归国营的警报，费尔提出的公众管制，力求确保公司利益，使贝尔公司得以继续生存。当时，由于科学技术的飞跃进步，电讯事业获得了大发展。费尔建立的贝尔研究所最先发展的通讯技术成了种种科学技术新发展的先导。当时，资金市场从 20 年代的投机市场转向所谓"莎莉妈妈"的中产阶层的主妇市场，费尔设计的大众资金市场正投合了"莎莉妈妈"的意愿：担不起风险，有保证的股息，享有资产增值，可免于通货膨胀的威胁，从而保证了贝尔公司在近 50 年来享有充裕的资金来源。

费尔的大决策，曲中见直，一言以蔽之，谋求机遇于未来。

所以说，有时直线并不是最近距离，因为世界不是平的。

第十章

校正差不多的想法，你需要开拓思路

　　做事时思路很重要，一个人总觉得自己的想法差不多，那么他的思路也就慢慢变得狭隘了。一个好的思路能够让自己节省很多时间和精力，要不怎么会有事半功倍一说呢。同样的事情，不同的人做，其效果和效率是截然不同的。

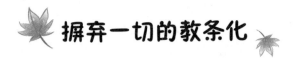

摒弃一切的教条化

如果你把六只蜜蜂和同样多只苍蝇装进一个玻璃瓶中，然后将瓶子平放，让瓶底朝着窗户，会发生什么情况？

你会看到，蜜蜂不停地想在瓶底上找到出口，一直到它们力竭倒毙或饿死；而苍蝇则会在不到两分钟之内，穿过另一端的瓶颈逃逸一空——事实上，正是由于蜜蜂对光亮的喜爱，由于它们的智力，蜜蜂才灭亡了。

蜜蜂以为，囚室的出口必然在光线最明亮的地方，它们不停地重复着这种合乎逻辑的行动。对蜜蜂来说，玻璃是一种超自然的神秘之物，它们在自然界中从没遇到过这种突然不可穿透的大气层；而它们的智力越高，这种奇怪的障碍就越显得无法接受和不可理解。

那些愚蠢的苍蝇则对事物的逻辑毫不留意，全然不顾亮光的吸引，四下乱飞，结果误打误撞地碰上了好运气；这些头脑简单者总是在智者消亡的地方顺利得救。因此，苍蝇得以最终发现那个正中下怀的出口，并因此获得自由和新生。

上面所讲的故事并非寓言，而是美国密执安大学教授卡尔·韦克转述的一个绝妙的实验。韦克是一个著名的组织行为学者，他总结道："这件事说明，实验、坚持不懈、试错、冒险、即兴发挥、最佳途径、迂回前进、混乱和随机应变，所有这些都有助于应付变化。"

其实，做任何事情都没有教条，如果你是想把它做好的话。只有拥有随机应变、坚持不懈等等素质，我们才能把事情办到位，适应我们所办的事情所存在的条件环境。

比塞尔是西撒哈拉沙漠中的一颗明珠，每年有数以万计的旅游者来到这儿。可是在肯·莱文发现它之前，这里还是一个封闭而落后的地方。这儿的人没有一个走出过大漠，据说不是他们不愿离开这块贫瘠的土地，而是尝试过很多次都没有走出去。

肯·莱文当然不相信这种说法。他用手语向这儿的人问原因，结果每个人的回答都一样：从这儿无论向哪个方向走，最后都还是转回出发的地方。为了证实这种说法，他做了一次试验，从比塞尔村向北走，结果三天半就走了出来。

比塞尔人为什么走不出来呢？肯·莱文非常纳闷，最后他只得雇一个比塞尔人，让他带路，看看到底是为什么？他们带了半个月的水，牵了两峰骆驼，肯·莱文收起指南针等现代设备，只挂一根木棍跟在后面。

十天过去了，他们走了大约八百英里的路程，第十一天的早晨，他们果然又回到了比塞尔。这一次肯·莱文终于明白了，比塞尔人之所以走不出大漠，是因为他们根本就不认识北斗星。

在一望无际的沙漠里，一个人如果凭着感觉往前走，他会走出许多大小不一的圆圈，最后的足迹十有八九是一把卷尺的形状。比塞尔村处在浩瀚的沙漠中间，方圆上千公里没有一点参照物，若不认识北斗星又没有指南针，想走出沙漠，确实是不可能的。

肯·莱文在离开比塞尔时，带了一位叫阿古特尔的青年，就是上次和他合作的人。他告诉这位汉子，只要你白天休息，夜晚朝着北面那颗星走，就能走出沙漠。阿古特尔照着去做，三天之后果然来到了大漠的边缘。阿古特尔因此成为比塞尔的开拓者，他的铜像被竖在小城的中央。铜像的底座上刻着一行字：新生活是从选定方向开始的。

做事情要及时调整正确的方向，不是凭着感觉走。否则，我们最终将被混乱控制。

把对手变成你的帮手

一个人往往在对手的督促下，才能谨小慎微，少犯许多错误。相反，如果没有对手的督促，一意孤行，往往会落于失败的陷阱之中。其实早在几百年前，达文西也说过一个类似的寓言故事：

在很久很久以前，有一只小老鼠住在一个树洞之中。只不过，在外面不远的地方，居住着一只想捕食它的鼬鼠。所以，每一次小老鼠想要出去找食物时都会非常小心，也全靠如此，才多次逃得性命。

有一天早晨，它正准备出去时，才发现那只可怕的鼬鼠正在不远处行走。哇，今天真险！我要让它先过去，免得自己变成它的午餐。但突然之间，一只灰猫跳了出来，一下子就咬住了鼬鼠，开始吞食起来。惊魂初定的小老鼠，不禁得意起来。哇，今天我真走运，现在危险已经过去，从此之后，我可以大摇大摆地出去觅食。开心的小老鼠还没有在森林中自由玩耍多大一会儿，就在贪婪的灰猫口中丧失了性命。就像这个小老鼠，在面临着鼬鼠的威胁时，才会变得异常机警，从而逃过一场又一场的劫难。相反，在缺乏对手之后，忘乎所以，放松了警惕，自然就会跌落失败的深渊了。

对手究竟是什么？也许在许多情况下，对手就是让自己变得更加成熟，更加完美的人。也许你要感谢一个个给你带来麻烦，甚至是痛苦的对手，因为只有这样，你才能在成功的道路上，走得更远更长。

也许要感谢你的对手。在这个复杂的社会中，总是存在着各种竞争，甚至是你死我活的厮杀。于是，无论是在职场，还是商场，几乎每一个人的面前，都或多或少存在着对手。那也许是自己的同事，也许是同行，甚至是你完全不知道的人，都会透过一个个途径，让你的生活充满了紧张感。但对手是否都是负面与不必要的呢？答案也许出乎你的意料之外。有这样一个故事。

在某一家公司里，有一位掌管销售的副总经理，我们可以称之为张先生，总是与掌管财会的刘女士存在许多矛盾。在这间经理办公室里，时常可以听到张副总的抱怨声："这也不能报销，那也不能支出，她哪知道我们在外面开发业务的艰难啊！"确实，目前的经济不景气，业务员们通常要花费更多的气力，才能获得一定的成绩，各种说不清楚的支出，自然会较多了。但这位较为死板的刘会计，也不知道变通，整天只会按章办事，难怪让这位张副总愤愤不平，产生不少争执。公司的员工们也都知道，张副总与刘会计是一对难以共事的冤家对头。不久之后，善于运用智谋的张副总，就使了一个坏招，让老实的刘会计，背上了一个黑锅，成为代罪羔羊，被迫辞职。而不久之后，年迈的总经理，也已退休，让他顺利升职，成为新的总经理。坐在宽敞的总经理办公室，张先生得意洋洋，现在公司里面的一切，都顺心如意，再也没有人敢和自己作对了。花起钱来，也自然大胆了。

但不久之后，公司的业绩，却不见起色，面对董事会的压力，焦急不安的张总经理，想了许多方法，都不见成效，到最后，终于想出了一个新的点子。更改公司的账目，让亏损的数字统统都变成赢利，不就可以让董事会满意了吗。想到这里，他找来了公司的新会计，幸好他非常合作，立即就更改了账目。顿时间，在董事会，这位新总经理，获得了一阵叫好声，诸位董事对他的成绩非常满意，还准备送给他高额的红股。但纸始终包不住火，不久之后，东窗事发，他不仅被董事会免职，还受到检察部门的追究，弄得身败名裂。有一天，当他面对记者的追问时，深有所感地说道："要是我不将那个刘会计赶走就好了，她肯定不会让我这么做，我也不会弄得如此的下场。"只不过，一切都晚了。相信类似的故事，许多人都听到过。

将对手看成是朋友，将每一次指责与批评，都看成是改正的良机。改变一下思路也许才是最佳的做事之道。

优柔寡断终将失去成功

麦克·瓦拉史是位著名电视节目主持人，他在 CBS 主持的"六十分钟"是人人乐道的节目。有这样一个故事……在刚进入电视台的时候他是一名新闻记者，因他口齿伶俐，反应快，所以除了白天采访新闻外，晚上又报道七点半的黄金档。以他的努力和观众的良好反应，他的事业应该是可以一帆风顺的。

不过很不幸的是，因为麦克的为人很直率，一不小心得罪了顶头上司新闻部主管。有次在一新闻部会议上，新闻部主管出其不意地宣布："麦克报道新闻的风格奇异，一般观众不易接受。为了本台的收视率着想，我宣布以后麦克不要在黄金档报道新闻，改在深夜十一点报道新闻。"

这个毫无前兆的决定让大家都很吃惊，麦克也很意外。他知道自己被贬了，心里觉得很难过，但突然他想到"这也许是上天的安排，主要是在帮助我成长"，他的心渐渐平静下来，表示欣然接受新差事，并说："谢谢主管的安排，这样我可以利用六点钟下班后的时间来进修。这是我早就有的希望，只是不敢向你提起罢了。"

此后，麦克天天下班之后就去进修，并在晚上十点左右赶回公司准备十一点的新闻。他把每一篇新闻稿都详细阅读，充分掌握它的来龙去脉。他的工作热诚绝没有因为深夜的新闻收视率较低而减退。

渐渐地，收看夜间新闻的观众愈来愈多，佳评也愈来愈多。随着这些不断的佳评，有些观众也责问："为什么麦克只播深夜新闻，而不播晚间黄金档的新闻？"询问的信件、电话不断，终于惊动了总经理。

总经理把厚厚的信件摊在新闻部主管的面前，对他说："你这新闻主管怎么搞的？麦克如此人才，你却只派他播十一点新闻，而不是播七点半的黄金时段？"

新闻部主管解释："麦克希望晚上六点下班后有进修的机会，所以不能排上晚间黄金档，只好排他在深夜的时间。"

"叫他尽快重回七点半的岗位。我下令他在黄金时段中播报新闻。"

就这样，麦克被新闻部主管"请"回黄金时段。不久之后，被选为全国最受欢迎的电视记者之一。

过了一段时间，电视界欣起了益智节目的热潮，麦克获得十几家广告公司的支持，决定也开一个节目，找新闻部主管商量。

积着满肚子怨恨的新闻部主管，板着脸对麦克说："我不准你做！因为我计划要你做一个新闻评论性的节目。"

虽然麦克知道当时评论性的节目争论多，常常吃力不讨好，收入又低，但他仍欣然接受说："好极了！"

自然，麦克吃尽苦头，但他没说什么，仍是全力以赴，为新节目奔忙。节目上了轨道也渐渐有了名声，参加者都是一些出名的重要人物。

总经理看好麦克的新节目，也想多与名人和要人接触。有天他召来新闻部主管，对他说："以后节目的脚本由麦克直接拿来给我看！为了把握时间，由我来审核好了，有问题也好直接跟制作人商量！"

从此，麦克每周都直接与总经理讨论，许多新闻部的改革也有他的意见。他由冷门节目的制作人，渐渐变成了热门人物。他也获得许多全美著名节目的制作奖。

相信自己的实力，即使经历种种障碍，只要你坚持下去，终将获得应有的成就。

有时候人们受制于思维惯性，经常犹豫不决，随波逐流，无法做出真正有利于自己的决策，这时候换个角度思考也许前途就会不一样。

 # 坐下来空想将一事无成

著名作家海明威小的时候很爱空想，于是父亲给他讲了这样一个故事：

有一个人向一位思想家请教："你成为一位伟大的思想家，成功的关键是什么？"思想家告诉他："多思多想！"

这人听了思想家的话，仿佛很有收获。回家后躺在床上，望着天花板，一动不动地开始"多思多想"。

一个月后，这人的妻子跑来找思想家："求您去看看我丈夫吧，他从您这儿回去后，就像中了魔一样。"思想家跟着到那人家中一看，只见那人已变得形销骨立。他挣扎着爬起来问思想家："我每天除了吃饭，

别让差不多害了你

一直在思考，你看我离伟大的思想家还有多远？"

思想家问："你整天只想不做，那你思考了些什么呢？"

那人道："想的东西太多，头脑都快装不下了。"

"我看你除了脑袋上长满了头发，收获的全是垃圾。"

"垃圾？"

"只想不做的人只能生产思想垃圾。"思想家答道。

我们这个世界缺少实干家，而从来不缺少空想家。那些爱空想的人，总是有满腹经纶，他们是思想的巨人，却是行动的矮子；这样的人，只会为我们的世界凭添混乱，自己一无所获，而不会创造任何的价值。

在父亲的教导下，海明威后来终其一生也总是喜欢实干而不是空谈，并且在其不朽的作品中，塑造了无数推崇实干而不尚空谈的"硬汉"形象。作为一个成功的作家，海明威有着自己的行动哲学。"没有行动，我有时感觉十分痛苦，简直痛不欲生。"海明威说。正因为如此，读他的作品，人们发现其中的主人公们从来不说"我痛苦""我失望"之类的话，而只是说"喝酒去""钓鱼吧"。

海明威之所以能写出流传后世的名著，就在于他一生行万里路，足迹踏遍了亚、非、欧、美各洲。他的文章的大部分背景都是他曾经去过的地方。在他实实在在的行动下，他取得了巨大的成功。

思想是好东西，但要紧的是付诸行动。任何事情本来就是要在行动中实现的。

行动就是最好的改变思路的方法。

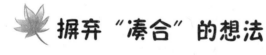 摒弃"凑合"的想法

很多人对自己使用的东西都有一种修补心理。我们生活中做每件事情，都应该有一个大局的眼光，但是有时候我们常常被眼前的蝇头小利所迷惑，产生了这种极不科学的修补心理。

某家报纸曾经刊登过这样一个事例：

一个香港的老板来大陆投资，机器设备都是从国外进口的最好的，生产效率极高。但是有一天突然这个地方发了洪水，虽然经过奋力抢救使大部分机器脱离了险情，但是还是有一台设备没有抢救出来。洪水退了，为了尽快恢复生产，香港老板就在当地市场上尽快采购了一台本地制造的机器来充当重任。

这台机器质量还过得去，用了一段时间也没有什么大的问题，但是不久它就原形毕露，各种小毛病开始显现出来。今天这个螺丝松了，明天那个零件坏了，总得不断修理，这样常常影响整个生产任务的顺利进行。老板想重新买一台进口的新机器，但是进口机器非常贵，再说这台机器也还能用，所以就这么一天又一天地耗着。但是那个本地产的机器还是不争气，总是出毛病，而且损坏的周期越来越短。到年底一算细账，就因为这台机器的这些各种小毛病，产量较上年度有明显的减少，这些损失加上维修费用等，足可以换一台进口机器了。香港老板这才下了决心，以低廉的价格把这台机器处理掉，从国外购置回一台新机器。

但凡我们想把一件事情做好的时候，我们都不能有凑合用的心理，应该更换的东西一定要更换，该重新购置的东西就重新买，只有这样才能提高整个工作的效率。细枝末节上的修修补补，虽然能够满足暂时的需求，但是从整个长远的计划完成的角度来看，这会是非常不明智的做法。

我们日常生活中都有不少这样的例子，为了节省一些眼前看得见的钱，而宁愿去花费大量的时间和精力去修补那些应更新淘汰的东西，用明天的收益去做赌注。同样道理，在做事情和用人上也绝不能有此类的凑合、修补心理，今天这儿出问题，明天那儿有毛病，既影响效率，又影响心情，而且这些薄弱环节总会在关键时刻掉链子，给你造成最大的损失。

有些损失已经不可避免的时候，换个角度想，及时止损就是最大的节省，如果不知变通，就只会带来更大的损失。

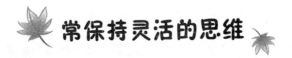

常保持灵活的思维

其实要保持工作的高效率，就必须保持头脑的正常运转，思维的灵话。比如说，工作之余可以看看"脑筋急转弯"（虽然那些答案通常都是傻傻的），多思考一些人生哲理和未来计划，或者看完一部电影后，和朋友讨论、分析它的优缺点。重点是，要经常用脑进行积极思考，并训练自己对周围事物的敏感度。

灵活的头脑有助于记忆力的增长，而记忆力又是工作效率不断提高的可靠保障。虽然有很多事情可以记在备忘录上，但是如果每天都要花很多时间填写、查看备忘录的话，也不是很有效率的做法，因此，还要靠自己的头脑比较经济实惠。

问问看，弄清楚自己的左脑与右脑哪一边比较常用或是比较发达。一般来说，左脑发达的人通常在数理或分析能力方面较强；而右脑发达的人则是对美术、艺术等感性的东西敏感度更高。

经常使用左脑的人，要多做一些锻炼右脑的运动。例如多听听音乐、多看一些展览、多做一些趣味性的活动。只要能"极尽感性之能事"，就可以调节一下自己过去理性的生活。

而对于已经颇具艺术感的人来说，右脑已经练得差不多了，应该着重对左脑做一些有建设性的训练。例如尽量多用心算，少用计算器；多阅读，多对事情做理性的分析、判断。

还有一些小小的运动也可以在日常生活中起到锻炼脑部的作用。比方说，一个左脑发达的人在下班时可以坐在公交车左边的座位，然后试着用左眼去看窗外的事物，借以锻炼自己的右脑。

随时为自己的左手创造锻炼机会。因为大部分的人经常使用右手，这样，右脑所管辖的左手运动量就大大地减少了，因此，习惯性地使用自己左手是一种很好的开发右脑的方法。

除此以外，还可以练习用左手做一些简单的事，像拿杯子喝水、换电视频道、拨电话号码等。

无论如何，多做运动总没有什么坏处，又可以达到"头脑不简单，四肢很发达"的效果，何乐而不为呢？

记忆力也是可以通过加强训练而提高的。

比如说，你同时有三件事要办，虽然这三件事本身毫无任何联系，但是如果你以这三件事的办理地点连成一个路线图来记忆，可能就会简单得多。

从小到大，人们都是被训练成一个死记硬背的人，而忽略了可以激发创造力的右脑的开发。所以，有机会要努力尝试做一个"印象派"的人，尽量用"画面"来代替文字记忆。

用"画面印象"的方法来记忆东西，不但可以激发右脑潜能，启发人的创造力，还可以增强记忆力，节省时间，实在是提高效率的好方法。

手巧要靠勤练，脑筋活也要靠常用，时常动脑的人才能头脑灵活，思路开阔。

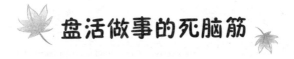

盘活做事的死脑筋

都说白日梦不能实现，但是我们发现生活中很多白日梦都实现了。为什么会出现这种反差？原因在于说白日梦不能实现的人往往是凭借自己已有的经验，而这些经验很多时候都是错的。与此同时，能做白日梦的人，他们既然敢做梦，就一定有勇气去实践他。我们在嘲笑别人做白日梦的时候，不知道扼杀了多少天才的想法。死板的人往往太脚踏实地，过于注重自己的经验，他们没有持续的想象空间，因此也很难获得大的成功。

戴尔还只是个小学生的时候，有一次他无意中看到报纸上有一则广告："只要通过本考试中心的一个测试，您就能直接获得高中毕业证书。"小戴尔真是欣喜若狂，心想这可是天大的好事，如果省掉那些烦人的课程、傲慢的老师和无休止的考试，就能直接高中毕业，岂不快哉？想到这儿，戴尔几乎笑不拢嘴，马上兴冲冲地拨打了广告中的电话。

考试中心的人果然服务上门了。可等看到接待他们的"客户"居然只是个小毛孩儿时，不禁哭笑不得。

但从此，一个大胆的设想开始在小戴尔心中生根发芽，那就是：为什么不尽可能省掉一些看起来天经地义的中间环节，直接一步到位呢？这并不是痴人说梦，因为凭借着这个念头，戴尔在仅仅18岁时就创造了神话般的直销奇迹，并创立了一种划时代的经营模式。

我们欣赏能够做白日梦的人，正是因为他们的白日梦，让很多生活的常态和惯性被打破，于是人们有了改变生活的持续行动，于是我们的生活过得越来越美好。我们自己也必须是一个能做白日梦的人，我们不是要让自己变得神神叨叨，而是有想象的空间。很多时候，我们陷入困境，就是因为我们缺少想象的空间。

其实能做白日梦的人有一种最可贵的品质，那就是不循常规。人类很多伟大的发明都是这一品质的产物。虽然做白日梦的人很多时候不被我们理解，但是这种不循常规的精神确实值得我们学习的。

要做大事，就要学会有持续的想象空间，要大胆地去想，哪怕被别人嘲笑为做白日梦，那又有什么关系呢？

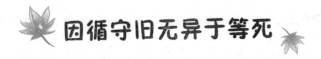

因循守旧无异于等死

一个人因循守旧无异于等死。没有创新的力量和行动，我们永远都不会进步，我们永远都固守着我们所谓的梦想。一个人赖活着，只要不是运气太差，怎么样都能活下去。但是如果我们想成就一份事业，我们想真正有所作为，我们就一定不能因循守旧。因为任何事业都有它的存在价值，而任何存在价值都是在不断的变化中。有的人往往习惯于守旧，结果最后把自己守得一日不如一日。

在夏日枯旱的非洲大陆上，一群饥渴的鳄鱼陷身在水源快要断绝的池塘中。较强壮的鳄鱼开始追捕同类来吃。物竞天择、适者生存的一幕幕正在上演。

这时，一只瘦弱勇敢的小鳄鱼却起身离开了快要干涸的水塘，迈向未知的大地。

干旱持续着，池塘中的水愈来愈混浊、稀少，最强壮的鳄鱼已经吃掉了不少同类，剩下的鳄鱼看来是难逃被吞食的命运。这时不见有别的鳄鱼离开。在它们看来，栖身在混水中等待被吃掉的命运，似乎总比离开、走向完全不知水源在何处更安全些。

池塘终于完全干涸了，唯一剩下的大鳄鱼也难耐饥渴而死去，它到死还守着它残暴的王国。

可是，那只勇敢离开的小鳄鱼，在经过长途跋涉，幸运的它竟然没死在半途上，而在干旱的大地上找到了一处水草丰美的绿洲。

很多人都是在看到前面无路可走的时候，才想到要去改变。为什么我们不能还在有路的时候就改变呢？这样我们永远都不会走到无路可走的地步。事实上，当一个人真的走到无路可走的地步的时候，他已经丧失了改变的勇气和智慧。

我们永远都不要到那种境地，我们要通过自己的努力不断地改变自己，不断地让自己更加适应。要确保自己前面永远有路，我们就必须确定自己始终走在前列，因为整个社会都实行末位淘汰，那些穷途末路的人往往是被淘汰掉了。

要适应变化，就要学会改变，不要到穷途末路的时候才想到绝地反击，我们要有不断改变自己、促使自己不断适应的勇气和行动。

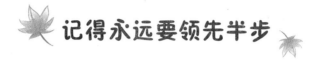

记得永远要领先半步

现代的事业，速度比规模要重要得多。我们的事业面临着很多不可控的因素，会出现很多的新情况，为此我们一定要懂得及时转型。

我们要有及时转型、领先半步的态度和行动，只有这样，我们的事业才能永远保持创新和活力。有的人往往不懂得转型，也不懂得领先，他们认为自己只要做好自己的事情就可以了。事实上，凡事都是在变化中的。

卡尔罗·德贝内德蒂是意大利企业家。在他领导奥利维蒂公司时，微型电脑刚刚流行。为了赶上这一新潮流，他成立了一个研究实验室，投入大量人力财力，加紧研制家庭和办公型微型电脑。当研制快要成功时，美国 IBM 公司兼容式微型机抢先一步上市了，并迅速在世界范围内畅销。

在高科技领域，失去先机便意味着失去市场。这对德贝内德蒂无疑是一个致命的打击。

继续推出公司的新电脑已失去意义，要放弃即将完成的成果却是痛苦的。因为这意味着此前付出的巨大研制费都付之东流。要说服那些为此耗尽心血的研究人员也非常困难。

德贝内德蒂左右为难，但最后还是下了决断：放弃即将完成的研究。同时重新组织力量，在 IBM 电脑的基础上，研制一种性能相似价格却便宜得多的兼容机，并获得成功。

当这款新产品研制成功并推向市场后，大受消费者欢迎。奥利维蒂公司也由此成为一家国际化的知名企业，德贝内德蒂本人还多次被美国的《时代》杂志等刊物评为封面人物。

在现代竞争中，我们一定要有速度。也许我们今天事业的规模很小，但是正是因为小，所以我们更需要速度。只有很快的速度，才能促使我们超越。通过速度去抗击竞争对手的规模，最终赢得规模。即使有一天，我们的规模很大，我们也需要速度，因为没有速度，我们的行动就会变得迟缓，最终我们会失去竞争力。

我们要领先，但是不要领先太多，领先太多容易让我们付出太大的成本，而且得不偿失。我们只要比竞争对手永远保持领先半步，我们就能够赢得竞争，而且代价不大。

要成功就要注重速度，面对复杂多变的环境，我们要及时进行转型，同时我们要做到领先半步，永远保持在前列。

差不多先生

——胡适

你知道中国最有名的人是谁？

提起此人，人人皆晓，处处闻名。他姓差，名不多，是各省各县各村人氏。你一定见过他，一定听过别人谈起他。差不多先生的名字天天挂在大家的口头，因为他是中国全国人的代表。

差不多先生的相貌和你和我都差不多。他有一双眼睛，但看的不很清楚；有两只耳朵，但听的不很分明；有鼻子和嘴，但他对于气味和口味都不很讲究。他的脑子也不小，但他的记性却不很精明，他的思想也不很细密。

他常说："凡事只要差不多，就好了。何必太精明呢？"

他小的时候，他妈叫他去买红糖，他买了白糖回来。他妈骂他，他摇摇头说："红糖白糖不是差不多吗？"

他在学堂的时候，先生问他："直隶省的西边是哪一省？"他说是陕西。先生说："错了。是山西，不是陕西。"他说："陕西同山西，不是差不多吗？"

后来他在一个钱铺里做伙计；他也会写，也会算，只是总不会精细。十字常常写成千字，千字常常写成十字。掌柜的生气了，常常骂他。他只是笑嘻嘻地赔礼道："千字比十字只多一小撇，不是差不多吗？"

有一天，他为了一件要紧的事，要搭火车到上海去。他从从容容地走到火车站，迟了两分钟，火车已开走了。他白瞪着眼，望着远远的火车上的煤烟，摇摇头道："只好明天再走了，今天走同明天走，也还差不多。可是火车公司未免太认真了。8点30分开，同8点32分开，不是差不多吗？"他一面说，一面慢慢地走回家，心里总不明白为什么火车不肯等他两分钟。

有一天，他忽然得了急病，赶快叫家人去请东街的汪医生。那家人急急忙忙地跑去，一时寻不着东街的汪大夫，却把西街牛医王大夫请来了。差不多先生病在床上，知道寻错了人；但病急了，身上痛苦，心里焦急，等不得了，心里想道："好在王大夫同汪大夫也差不多，让他试试看罢。"于是这位牛医王大夫走近床前，用医牛的法子给差不多先生治病。不上一点钟，差不多先生就一命呜呼了。差不多先生差不多要死的时候，一口气断断续续地说道："活人同死人也差……差……差不多，……凡事只要……差……差……不多……就……好了，……何……何……必……太……太认真呢？"他说完了这句话，方才绝气了。

　　他死后，大家都称赞差不多先生样样事情看得破，想得通；大家都说他一生不肯认真，不肯算帐，不肯计较，真是一位有德行的人。于是大家给他取个死后的法号，叫他做圆通大师。

　　他的名誉越传越远，越久越大。无数无数的人都学他的榜样。于是人人都成了一个差不多先生——然而中国从此就成为一个懒人国了。